바이오 기사·산업기사
필답형 문제집

CONTENTS

❶ 바이오 자격증 필답형 기출문제   5

   01   배양 준비   6
   02   생산 세포 준비   20
   03   세척 · 멸균   44
   04   정제 · 분리   68

❷ 바이오 자격증 필답형 예상문제   95

   01   배양 준비   96
   02   생산 세포 준비   120
   03   세척 · 멸균   144
   04   분석 및 시험   161

❸ 공식 및 계산형 예상문제   179

❶ 바이오 자격증 필답형 기출문제

01 배양 준비

01
미생물 동결 보존 시 사용하는 보존제를 3가지 쓰시오.

정답 글리세롤(glycerol), DMSO(dimethyl sulfoxide), 설탕(sucrose)

해설
- 미생물 동결 보존 시 세포 내·외부의 얼음 결정 형성을 억제하여 세포막 파괴를 방지해야 함
- 대표적으로 글리세롤은 세포 내 삼투압을 조절하여 세포 손상을 줄이는 보호제로 널리 사용됨
- DMSO는 막을 투과하여 세포 내 수분 이동을 억제하고, 급속 냉동 시 발생하는 손상을 완화함
- 자당(sucrose), 트레할로스(trehalose) 등 당류는 수소결합으로 세포 구조 안정화에 기여함
- 이러한 동해방지제(cryoprotectant)는 동결 보존의 성공률을 높이고 장기간 균주 보존을 가능하게 함
- 실제 산업 현장 및 연구소에서는 글리세롤 10~20% 농도를 표준적으로 많이 활용함

02
발효조(fermenter)를 멸균하는 방법을 2가지 이상 쓰고, 각 방법의 특징을 설명하시오.

정답 고압증기멸균(autoclaving), 여과멸균(filtration)

해설
- 고압증기멸균은 121℃, 1.2기압 조건에서 15분 이상 증기 처리하여 세균과 포자를 완전히 사멸하는 방법임
- 대형 발효조에서는 SIP(Sterilization-In-Place) 방식으로 증기를 직접 주입하여 멸균하며, 공정 전체 무균성을 유지할 수 있음
- 여과멸균은 0.22 μm 멤브레인 필터를 사용해 세균과 포자를 물리적으로 제거하는 방법임
- 열에 민감한 성분(비타민, 항생제, 혈청 등)을 멸균할 때 필수적으로 적용됨
- 건열멸균은 유리기구나 금속기구에 사용되며, 고온(160~180℃)에서 장시간 가열하여 멸균 효과를 얻음
- 멸균 방법은 멸균 대상 물질의 특성과 생산 규모에 맞추어 선택해야 함

03

멸균 시 D값(십진감소시간)의 정의를 쓰고, 사멸속도상수(kd)와의 관계식을 제시하시오.

정답
- D값 : 일정한 조건에서 미생물 수가 1/10로 줄어드는 데 걸리는 시간.
- 관계식 : D = 2.303 / kd

해설
- 미생물 사멸은 대체로 1차 반응 속도식으로 표현됨.
- D값은 미생물이 90% 사멸하는 데 걸리는 시간을 의미하며 멸균 공정의 지표가 됨.
- 사멸속도상수 kd는 시간당 세포 사멸 속도를 나타내는 값임.
- D와 kd는 반비례 관계로, kd가 크면 D는 짧아지고 멸균 효율은 높아짐.
- D값은 열처리·고압증기멸균 조건 최적화에 활용됨.
- 실제 살균 검증 및 공정 밸리데이션에 반드시 사용되는 공식임.

04

고압증기멸균(autoclave) 과정의 순서를 쓰시오.

정답 증기 주입 → 챔버 내부 압력·온도 상승 → 멸균 유지 시간(121℃, 15분 등) → 증기 배출 → 냉각

해설
- 고압증기멸균은 포자까지 사멸 가능한 가장 일반적이고 신뢰성 높은 멸균법임.
- 멸균 챔버에 증기를 주입하여 압력과 온도를 동시에 상승시킴.
- 일반적으로 121℃, 1.2기압에서 15분간 유지함.
- 멸균이 완료되면 증기를 배출하여 압력을 낮추고 냉각 과정을 거침.
- 멸균 전 공기 제거가 중요하며, 잔존 공기는 열전달을 방해함.
- 이 과정은 배양 배지, 기구, 발효조 멸균에 표준적으로 활용됨.

05

혼탁배양에는 비효과적이지만 표면멸균에 효과적인 멸균방법을 쓰시오.

정답 자외선 멸균(ultraviolet sterilization)

해설
- 자외선(UV) 멸균은 260 nm 파장의 자외선을 이용해 DNA에 손상을 유발하는 방식임
- 표면이나 공기 중 미생물 멸균에 효과적이며, 실험대·무균작업대에서 사용됨
- 그러나 투과력이 낮아 액체나 혼탁 배양액 내부까지 멸균하지 못함
- 따라서 혼탁배양이나 대량 배지 멸균에는 부적합함
- 보조 멸균법으로 GMP 청정실, 생물안전작업대에서 널리 사용됨
- 멸균 범위가 제한적이라는 단점이 있으므로 다른 멸균법과 병행됨

06

멸균 검증 시 사용하는 지표 미생물을 2종류 이상 쓰시오.

정답 Bacillus stearothermophilus, Bacillus subtilis

해설
- 멸균 효과를 검증하기 위해 내열성 포자를 형성하는 세균이 표준 지표로 사용됨
- Bacillus stearothermophilus는 고온에서 잘 자라며, 증기멸균 검증에 활용됨
- Bacillus subtilis는 건열멸균 · 에틸렌옥사이드 멸균 검증에 주로 사용됨
- 이러한 지표균은 멸균 공정의 유효성을 입증하는 시험에서 중요한 역할을 함
- 실제 산업현장에서는 생물학적 지표와 함께 화학적 지표(색 변화 테이프 등)도 병행 사용됨
- 이는 GMP 밸리데이션에서 필수적 항목임

07

Chemostat 배양의 원리를 설명하시오.

정답 희석속도(D = F/V)를 일정하게 유지하면서 세포를 정상상태로 배양하는 방식

해설
- Chemostat은 연속배양 방식 중 하나로, 영양분 공급과 배출을 동시에 수행함
- 희석속도(D)는 유입속도(F)를 배양액 부피(V)로 나눈 값으로 정의됨
- 일정한 D값을 유지하면 세포의 성장속도와 유출속도가 균형을 이루어 정상상태가 유지됨
- 이때 세포 농도와 대사산물 농도는 일정한 값으로 유지됨
- 미생물의 성장속도, 대사 특성, 돌연변이 선택 연구에 많이 사용됨
- 특정 기질이 제한 요인으로 작용하기 때문에 제한 배양이라고도 함

08

유가식(fed-batch) 배양의 특징을 설명하시오.

정답 배양액을 제거하지 않고 기질을 계속 공급하여 고농도의 세포나 산물을 얻는 방식

해설
- 유가식 배양은 배양액을 배출하지 않고 기질만 주기적으로 또는 연속적으로 공급하는 방식임
- 고농도 세포 배양이 가능하며, 2차 대사산물 생산에도 유리함
- 기질 억제(substrate inhibition)나 독성 물질 축적을 방지할 수 있음
- 연속배양보다 오염 위험이 적고, 생산 안정성이 높음
- Penicillin, 아미노산, 효소 산업에서 널리 활용되는 방식임
- 반면 최적 공급속도를 유지해야 하는 공정 제어의 어려움이 있음

09

Batch culture에서 나타나는 미생물의 생육곡선 단계를 순서대로 쓰시오.

정답 유도기(lag phase) → 대수기(log phase) → 정상기(stationary phase) → 사멸기(death phase)

해설
- Batch culture에서는 영양분이 제한되므로 시간이 지남에 따라 생육곡선이 변함
- 유도기에는 환경 적응 단계로 세포 증식이 거의 없음
- 대수기에는 세포 분열이 가장 활발하여 기하급수적으로 증가함
- 정상기에는 영양 고갈과 노폐물 축적으로 세포 수가 일정하게 유지됨
- 사멸기에는 사멸률이 증식률보다 커져 세포 수가 감소함
- 이 곡선은 발효공정 최적화와 대사 연구의 기본 자료로 활용됨

10

동결 보존에서 글리세롤(glycerol)의 역할을 설명하시오.

정답 세포 내 삼투압을 조절하고 얼음 결정 형성을 억제하여 세포막 파괴를 방지함.

해설
- 글리세롤은 가장 널리 사용되는 동해방지제(cryoprotectant) 중 하나임
- 세포 내부와 외부의 수분 이동을 조절하여 삼투 충격을 완화함
- 냉동 과정에서 얼음 결정이 생기는 것을 억제하여 세포 구조 손상을 줄임
- 일반적으로 10 ~ 20% 농도로 첨가하며, 장기간 균주 보존에 안정적임
- 산업 미생물 · 연구용 미생물 보관에서 표준적으로 사용됨
- DMSO, 자당 등 다른 보존제와 병행하여 사용되기도 함

11

Turbiostat 배양의 특징을 설명하시오.

정답 세포 밀도를 광학적 탁도로 모니터링하여 일정 농도로 유지하는 연속배양 방식

해설
- Turbiostat은 혼탁도를 감지하여 자동으로 희석속도를 조절하는 연속배양 장치임
- 세포 농도가 일정 이상 증가하면 새로운 배지를 투입하고, 일정 농도 이하에서는 공급을 줄임
- 이 방식은 세포 밀도를 항상 일정하게 유지할 수 있다는 장점이 있음
- 성장 속도와 관계없이 균일한 배양 상태를 유지할 수 있음
- 플라스미드 안정성 유지, 특정 균주 선별 연구 등에 유리함
- 단, 장치가 복잡하고 제어 비용이 높다는 단점이 있음

12

배양기에서 kLa(부피당 산소전달계수)의 정의를 쓰고, 산소전달속도(OTR)와의 관계를 제시하시오.

정답 kLa는 단위 부피·시간당 산소 전달 효율을 나타내는 값이며, OTR = kLa (C* − CL)

해설
- kLa는 발효공정에서 기체–액체 간 산소 전달 효율을 수치로 표현한 계수임
- C*는 포화 용존산소 농도, CL은 실제 용존산소 농도를 의미함
- OTR(산소전달속도)은 단위 시간 동안 세포에 전달되는 산소량을 나타냄
- 교반 속도, 기포 크기, 가스 유량, 발효조 형상 등에 따라 kLa 값이 달라짐
- kLa가 높을수록 산소 공급이 원활하여 호기적 배양에 유리함
- 산업 발효에서는 kLa 최적화가 생산성에 직결됨

13

혼탁배양(turbid culture)과 표면배양(surface culture)의 차이점을 설명하시오.

정답 혼탁배양은 액체배지 내부에서 세포가 증식하는 방식이며, 표면배양은 배지 표면에서만 성장하는 방식임

해설
- 혼탁배양은 액체배지에서 교반·통기 조건을 통해 세포가 부유 상태로 자람
- 세포 밀도가 높고, 균일한 성분 분포로 대량 생산에 적합함
- 표면배양은 액체 배지 표면이나 고체 배지 표면에서만 성장하는 방식임
- Aspergillus, Penicillium과 같은 곰팡이 발효에서 과거에 많이 이용됨
- 표면배양은 산소 공급은 유리하지만 생산성이 낮고 대규모화가 어려움
- 오늘날 대부분의 산업 발효는 혼탁배양(액체발효) 방식을 이용함

14

세포 배양에서 사용되는 완충제(buffer)의 역할을 설명하시오.

정답 배양액의 pH 변화를 억제하여 세포가 안정적으로 성장할 수 있는 환경을 유지함.

해설
- 세포 대사 과정에서 유기산·암모니아 등이 생성되어 배지의 pH가 변할 수 있음
- pH 변화는 효소 활성 저하와 세포 생육 저해로 이어짐
- 완충제는 약산과 그 염의 조합으로 수소이온 농도를 일정하게 유지함
- 대표적인 완충제로 인산염, 탄산염, HEPES 등이 사용됨
- 발효공정에서는 배지 내 완충 능력이 생장 속도와 산물 생산성에 직접적인 영향을 줌
- 따라서 배양 목적에 맞는 완충제 조성이 필수적임

15

균주 보존 시 동결 건조법의 장점을 2가지 이상 쓰시오.

정답 장기간 보존 가능, 보존 상태에서 안정성 유지

해설
- 동결 건조법은 미생물을 탈수시켜 앰플이나 바이알에 밀봉하는 보존 방법임
- 상온에서도 수년간 안정적으로 보존 가능하여 관리가 용이함
- 보존 후 재수화하면 높은 생존율을 보여 연구와 산업에서 활용도가 높음
- 냉동고 등 특수 장비 없이도 장기간 운송 및 보관이 가능함
- 균주의 유전자 변이와 대사 변화가 적어 원형질 유지에 효과적임
- 따라서 국제 균주은행 및 실험실 표준 보존법으로 널리 사용됨

16

멸균 공정에서 사용되는 지표 중 화학적 지표(chemical indicator)의 역할을 설명하시오.

정답 멸균 조건(온도, 시간, 압력)의 도달 여부를 색 변화 등으로 확인하는 역할

해설
- 화학적 지표는 멸균 공정이 적절한 조건에 도달했는지 여부를 간단히 확인하는 수단임
- 멸균 테이프, 색 변화 앰플 등이 대표적 예임
- 고압증기멸균 시에는 일정 온도·시간이 유지되면 색이 변하여 멸균 여부를 육안으로 확인 가능함
- 화학적 지표는 실제 미생물 사멸 여부를 증명하지는 못함
- 따라서 생물학적 지표와 병행하여 사용해야 신뢰성이 확보됨
- 현장에서는 빠르고 간단한 1차 확인용으로 필수적으로 활용됨

17

멸균 공정에서 z값의 의미를 설명하시오.

정답 미생물의 D값(십진감소시간)을 10배 변화시키는 데 필요한 온도 차이

해설
- z값은 열처리 멸균에서 미생물의 내열성을 나타내는 지표임
- 예를 들어, z값이 10℃라면 온도를 10℃ 올리면 D값이 1/10로 감소함
- D값과 z값은 멸균 설계 시 필수적으로 함께 사용됨
- z값이 작을수록 미생물은 온도 변화에 민감함을 의미함
- 식품·의약품 멸균 공정에서 F값 계산에 반드시 포함되는 항목임
- 따라서 멸균 조건 최적화와 안전성 확보에 중요한 역할을 함

18

멸균 공정에서 CIP(Cleaning In Place)의 개념을 설명하시오.

정답 설비를 분해하지 않고 배관·탱크 내부를 세척·멸균하는 공정

해설
- CIP는 대규모 발효조, 배관, 저장탱크의 내부를 자동 세척하는 방법임
- 설비를 분해하지 않고 현장에서 세척액·살균액을 순환시켜 청결 상태를 유지함
- 세척 과정은 알칼리 세제, 산세제, 소독제 순으로 진행되는 경우가 많음
- GMP 환경에서 오염 방지와 교차 오염 차단을 위해 필수적임
- SIP(Sterilization In Place)와 연계하여 멸균까지 일괄 수행되기도 함
- CIP는 생산 연속성 확보와 작업 효율성을 높이는 핵심 기술임

19

멸균 공정에서 SIP(Sterilization In Place)의 개념을 설명하시오.

정답 발효조나 배관을 분해하지 않고 증기를 주입하여 현장에서 멸균하는 방법

해설
- SIP는 멸균을 설비 내부에서 직접 수행하는 방식임
- 보통 121℃ 이상의 포화 증기를 일정 시간 주입하여 멸균 효과를 확보함
- 발효조, 배관, 밸브, 필터 등 생산 설비 전체에 적용 가능함
- CIP 후 멸균 단계를 이어서 수행하는 경우가 많음
- 멸균 후 외부 오염을 최소화하며, 연속 공정에 적합함
- 제약·바이오 생산 현장에서 무균 상태 유지의 핵심 공정임

20

배양기에서 교반기의 역할을 2가지 이상 설명하시오.

정답 배양액 균일 혼합, 산소 전달 향상

해설
- 교반기는 발효조 내 액체를 혼합하여 균일한 환경을 유지함
- 기질 · 산소 · 영양분을 균일하게 분산시켜 세포 생육을 촉진함
- 기포를 잘게 분산시켜 용존산소 전달 효율(kLa)을 높임
- 배양액의 온도 편차를 줄여 균일한 반응 조건을 유지함
- 세포 침강 방지와 동질성 확보에도 중요한 역할을 함
- 따라서 교반기의 성능은 생산성과 직결되는 핵심 요소임

21

병원균이나 재조합물질을 여과할 때 낮은 에너지로 에어로졸 발생을 최소화하는 여과법은 무엇인가?

정답 HEPA 필터 여과법

해설
- HEPA(High Efficiency Particulate Air) 필터는 0.3 μm 크기의 입자를 99.97% 이상 제거할 수 있음
- 낮은 동력으로도 운전 가능해 에어로졸 발생 위험을 최소화함
- 병원균이나 재조합 DNA와 같은 위험 물질의 확산을 효과적으로 차단함
- 생물안전작업대(BSC), 무균실, 클린룸에 반드시 설치되는 표준 장비임
- GMP 및 생물안전(BSL) 관리 체계에서 필수 요소로 규정되어 있음

22

배양 전 멸균기 관리 시 급수 상태 확인이 중요한 이유를 설명하시오.

정답 멸균기의 증기 발생 및 열전달 성능에 직접적으로 영향을 주기 때문임.

해설
- 멸균기는 고온 · 고압의 포화 증기를 발생시켜 살균 효과를 내므로 급수 상태가 핵심임
- 급수 부족이나 수질 불량은 증기 발생 불량 → 멸균 불완전으로 이어질 수 있음
- 스케일 · 불순물 축적 시 열전달 효율 저하, 장비 손상, 폭발 위험까지 초래함
- 일정한 압력과 온도를 유지해야만 멸균 효과가 확보되므로 급수 점검은 필수임
- GMP 기준에서는 멸균기 일상점검 항목으로 '급수 상태 확인'을 의무화하고 있음

23
미생물 배양에서 공멸균(co-sterilization)의 개념을 설명하시오.

정답 배양액과 발효조를 동시에 멸균하는 방법

해설
- 공멸균은 배양액을 발효조에 넣은 상태에서 발효조와 함께 멸균하는 방식임
- 이송 과정이 생략되므로 오염 가능성이 줄고 작업이 간편함
- 대규모 산업 발효조에서 흔히 사용되며, 공정 단순화와 비용 절감에 유리함
- 단, 발효조 내부의 열분포가 균일하지 않으면 일부가 미멸균 상태로 남을 수 있음
- 따라서 대형 설비에서는 센서·검증 절차를 통해 멸균 균일성을 확보해야 함

24
배양 준비 단계에서 자주 활용되는 멸균 가스 2종을 쓰시오.

정답 에틸렌옥사이드(EO), 포름알데히드(Formaldehyde)

해설
- 가스 멸균은 열에 약한 물질(플라스틱, 고분자 필터 등)에 적합한 방식임
- 에틸렌옥사이드(EO): 낮은 온도에서 살균 가능, 의료기기 멸균에 표준적으로 사용됨
- 포름알데히드: 강력한 살균력을 가지며 밀폐된 공간 내 장비 멸균에 적용됨
- 투과성이 뛰어나 복잡한 구조 내부까지 멸균할 수 있음
- 단점으로는 독성·잔류성 문제가 있어 환기·중화 과정이 반드시 필요함
- 제약·의료 분야에서 법규에 따라 사용과 폐기가 엄격히 관리됨

25
멸균 전 점검에서 휘발성 물질 확인이 중요한 이유를 쓰시오.

정답
고온·고압 조건에서 폭발 및 안전사고 위험이 있기 때문임.

해설
- 알코올, 아세톤, 에테르 등 휘발성 용제가 남아 있으면 멸균 시 인화·폭발 위험이 발생함
- 고압증기멸균기는 121℃ 이상의 고온·고압 환경을 유지하기 때문에 위험성이 더욱 커짐
- 폭발사고는 작업자 안전뿐 아니라 장비 손상, GMP 생산 중단으로 이어질 수 있음
- 따라서 멸균 전 점검 단계에서 반드시 휘발성 잔류물 확인 절차가 요구됨
- 제약·바이오 GMP 규정에서도 작업자 안전 확보를 위해 필수 점검 항목으로 규정되어 있음

26

자연건조법, 열풍건조법, 동결건조법, 분무건조법 중 열에 민감한 물질에 가장 적합한 방법을 고르시오.

정답 동결건조법 (Lyophilization)

해설
- 동결건조는 시료를 급속히 동결한 뒤 진공 상태에서 수분을 승화시켜 제거하는 방법임
- 열을 가하지 않고 수분을 제거하기 때문에 단백질, 효소, 백신, 미생물 등 열에 민감한 물질에 적합함
- 원래의 구조와 활성을 잘 보존할 수 있어 제약·바이오 산업에서 가장 널리 활용됨
- 건조 후에는 안정성이 향상되어 장기 저장·수송이 가능하며, 재수화 시 원상 복구율이 높음
- 다만 공정 시간이 길고 설비 비용이 크다는 단점이 있으며, 대규모 생산에서는 경제성이 중요한 고려 요소가 됨

27

멸균기 가열 과정에서 압력밸브 점검이 필요한 이유를 설명하시오.

정답 내부 압력을 안전하게 유지하고 폭발을 예방하기 위함임.

해설
- 멸균기는 고온·고압의 포화 증기를 사용하기 때문에 압력 관리가 핵심임
- 압력밸브는 내부 압력이 일정 기준 이상 올라갈 경우 자동으로 증기를 방출하여 사고를 방지함
- 밸브가 막히거나 고착되면 압력이 과도하게 상승하여 폭발 위험이 커짐
- 안정적인 압력 유지가 멸균 효과를 보장하므로 밸브 점검은 필수임
- GMP 및 안전관리 규정에서는 압력밸브를 포함한 안전장치의 정기검사와 교체 주기를 의무화하고 있음

28

멸균 전기 점검 시 작업자 안전을 위해 반드시 확인해야 할 2가지를 쓰시오.

정답 전원 차단 여부, 접지 상태 확인

해설
- 멸균기는 고전압·고온을 동시에 사용하는 장비라 전기 안전 점검이 매우 중요함
- 전원 차단을 하지 않으면 작업자가 감전되거나 장비가 예기치 않게 작동할 수 있음
- 접지가 불량하면 누전 발생 시 전류가 인체로 흘러 치명적 사고를 초래할 수 있음
- 이외에도 배선 절연 상태, 차단기 작동 여부, 경고등 점검 등을 병행해야 함
- 산업안전보건법에서는 Lock-out/Tag-out 절차를 통해 장비 정비 전 전원 차단을 의무화함

29

고형물 제제의 수분 형태 3가지를 쓰고, 결정수 분석 방법을 설명하시오.

정답
- 수분 형태 : 흡착수, 결합수, 결정수
- 결정수 분석법 : Karl Fischer 적정법

해설
- 고형 제제 내 수분은 제제의 안정성 · 저장성에 큰 영향을 주므로 반드시 관리 대상임
- 흡착수는 표면에 약하게 붙은 수분, 결합수는 화학적으로 결합된 수분, 결정수는 결정 구조 내 포함된 수분임
- 결정수 분석에는 Karl Fischer 적정법이 가장 널리 사용되며, 요오드 소비량을 통해 수분 함량을 정확히 측정함
- 열중량분석(TGA)이나 적외선분광(IR) 같은 방법도 보조적으로 활용될 수 있음
- 제약 GMP 품질관리(QC)에서는 고형 제제의 수분 규격 준수 여부를 확인하는 필수 시험임

30

멸균 시 강열잔분시험법이 필요한 목적을 설명하시오.

정답 시료 내 무기 불순물(회분)의 함량을 확인하기 위함임.

해설
- 강열잔분시험은 시료를 600 ~ 800℃ 고온에서 태운 뒤 남은 무기질의 양을 측정하는 시험법임
- 유기물이 모두 연소되고 난 뒤 잔류하는 무기질 함량을 통해 원료나 시료의 순도를 평가함
- 멸균 과정에 사용되는 시약이나 원료에 불순물이 많으면 품질 · 안전성에 문제를 일으킬 수 있음
- 한국약전(KP), 미국약전(USP) 등 국제 약전에서도 원료시험의 필수 항목으로 규정되어 있음
- GMP 환경에서는 원료 관리와 멸균 공정 품질 보증을 위해 반드시 실시하는 시험임

31

배양액 제조 시 몰농도의 정의와 단위를 정확히 쓰시오.

정답 몰농도(Molarity, M)는 용액 1L 속에 녹아 있는 용질의 몰 수(mol/L)를 의미함.

해설
- 몰농도는 농도를 표현하는 대표적인 방식으로, 화학반응식에서 반응물 · 생성물의 양적 관계 계산에 필수임
- 단위는 mol/L이며, 보통 대문자 M으로 표시함(예 : 0.1 M NaCl 용액)
- 1M NaCl 용액은 NaCl 분자량(58.44 g/mol)에 따라 58.44 g을 증류수 1L에 녹인 것과 동일함
- 생화학 · 미생물 배양에서 영양소, 완충액, 시약 제조 시 정확한 몰농도 계산이 필수적임
- GMP 기준에서는 배지 조성 기록 시 몰농도 · 질량농도를 병행 표기하여 품질 일관성을 확보함

32
배양기 멸균 전 점검해야 하는 설비관리 목적을 2가지 쓰시오.

정답 멸균 효과 확보, 장비 안전성 보장

해설
- 멸균 전 설비 점검은 장비가 정상적으로 작동할 수 있는 상태인지 확인하는 과정임
- 배양기 내부 균일한 증기 공급 여부, 압력계·온도계 작동 여부를 확인해야 함
- 점검이 부실하면 멸균 불완전 → 배양 실패, 오염 사고로 이어질 수 있음
- 또한 밸브·배관 상태 불량 시 폭발, 누출 등 안전사고로 연결될 수 있음
- GMP 시설에서는 멸균 전 점검 항목을 표준작업지침(SOP)으로 관리하고 주기적으로 기록해야 함

33
멸균 과정에서 사용하는 화학적 멸균 가스의 예시를 2가지 쓰시오.

정답 에틸렌옥사이드(EO), 포름알데히드(Formaldehyde)

해설
- 가스 멸균은 저온에서 효과적이므로 열에 민감한 기구·플라스틱 제품 멸균에 활용됨
- EO 가스는 의료기기, 플라스틱 용기, 필터 멸균에 널리 사용됨
- 포름알데히드는 실험실·병원에서 밀폐공간 살균용으로 사용됨
- 가스 멸균은 투과성이 뛰어나 복잡한 구조 내부까지 멸균할 수 있다는 장점이 있음
- 그러나 독성, 폭발성, 잔류물 문제로 인해 환기·중화·안전 규제가 엄격히 요구됨
- GMP 환경에서는 EO 잔류 허용기준을 관리 지표로 삼음

34
일상점검의 정의와 실시 목적을 설명하시오.

정답 일상점검은 설비·기기를 매일 확인하여 이상을 조기에 발견하고 안전·품질을 확보하는 활동임

해설
- 일상점검은 작업자가 현장에서 수행하는 기본 점검 절차임
- 기계 소음·진동, 압력계·온도계, 밸브·필터 상태를 눈으로 확인함
- 목적은 고장을 미리 예방하고, 생산 품질을 안정적으로 유지하는 데 있음
- 작은 결함도 조기 발견해 사고·비용 손실을 줄일 수 있음
- GMP 생산현장에서는 작업일지에 점검 결과를 기록하고 관리하는 절차가 의무화됨

35

무균 조작 시 알코올램프와 백금이 사용의 목적을 설명하시오.

정답 알코올램프는 무균 환경 유지, 백금이는 미생물 도말 및 접종 시 멸균 도구로 사용함.

해설
- 알코올램프 불꽃은 작업대 주변 공기를 위로 상승시켜 외부 오염 입자의 유입을 최소화함
- 백금이는 접종선(inoculating loop)으로, 불꽃에서 가열·멸균 후 시료를 무균적으로 다룰 수 있음
- 두 도구 모두 무균조작(Aseptic technique)의 기본 장비로, 배양·이식 과정에서 필수임
- 미생물학 실험실, GMP 배양실에서도 사용되며, 청결 벤치(Clean bench) 사용 시 보조적으로 활용됨
- 올바른 사용법 숙지 여부가 오염 방지와 실험 성공률을 좌우함

36

병원균이나 재조합물질을 여과할 때 사용되는 필터의 기본 원리를 설명하시오.

정답 기공 크기를 이용해 미생물을 물리적으로 차단하는 원리

해설
- 여과 멸균은 미생물이 통과할 수 없는 작은 기공(pore size)의 필터를 사용함
- 일반적으로 0.22 μm 또는 0.45 μm 필터가 멸균 목적에 사용됨
- 열에 민감한 백신, 항생제, 단백질 용액 등의 멸균에 적합함
- HEPA 필터와 달리 액체 시료의 미생물을 직접 물리적으로 제거함
- GMP 환경에서는 필터 적합성 시험(무균시험, 압력차 시험)을 통해 사용 전 검증을 요구함

37

배양 준비 과정에서 사용되는 유틸리티 용수의 종류를 3가지 구분하여 설명하시오.

정답 정제수(Purified Water), 주사용수(Water for Injection, WFI), 상수(Tap Water)

해설
- 정제수 : 이온교환수지, 역삼투(RO) 등을 통해 제조, 일반 시약·배지 제조에 사용됨
- 주사용수(WFI) : 초순수로, 엔도톡신까지 제거되어 주사제 제조나 세포배양에 필수임
- 상수 : 초기 세척 등 비멸균 목적에 한정해 사용됨
- 용수는 배양·발효의 품질에 직접적으로 영향을 주기 때문에 관리가 엄격히 요구됨
- GMP 기준에서는 배관 순환, 미생물·엔도톡신 모니터링을 통해 지속적으로 관리함

38

Clean bench 사용 절차를 올바른 순서대로 나열하시오.

정답 ① UV 멸균 → ② 송풍기 가동 → ③ 알코올 소독 → ④ 무균 작업 수행

해설
- Clean bench는 작업 구역에 무균 공기를 공급하여 미생물 오염을 차단하는 장비임
- 사용 전 UV 램프로 내부 표면 멸균을 먼저 수행해야 함
- 이후 HEPA 필터가 장착된 송풍기를 일정 시간 가동하여 청정공기를 순환시킴
- 무균 작업 전·중에는 70% 알코올로 손·기구를 소독함
- 올바른 순서를 준수하지 않으면 무균 상태 유지가 불가능하여 실험 실패로 이어질 수 있음
- GMP 작업실에서는 SOP(Standard Operating Procedure)로 절차를 문서화하여 관리함

39

배양기 멸균 전 점검해야 하는 설비관리 목적을 2가지 쓰시오.

정답 ① 멸균 효과 보장, ② 안전사고 예방

해설
- 멸균 전 점검은 배양기의 정상 작동 여부를 확인하여 불완전 멸균을 방지하기 위함임
- 배관 연결부 누출, 압력계 불량, 증기 공급 불균일 등이 있으면 멸균 실패로 이어짐
- 또한 가열 중 압력·온도 제어가 불가능해 안전사고(폭발·화상)가 발생할 수 있음
- 사전 점검을 통해 장비의 신뢰성을 확보하고, 작업자 안전을 보장함
- GMP 생산현장에서는 점검 항목을 체크리스트화하여 기록·보관하도록 의무화되어 있음

40

멸균 과정에서 사용하는 화학적 멸균 가스의 예시를 2가지 쓰시오.

정답 에틸렌옥사이드(EO), 포름알데히드(Formaldehyde)

해설
- 가스 멸균은 저온에서 장비·재료 내부까지 멸균이 가능해 열에 민감한 기구에 적합함
- EO는 의료기기, 플라스틱 튜브, 멤브레인 필터 등에 표준적으로 사용됨
- 포름알데히드는 강력한 살균력을 가지며, 밀폐된 공간을 살균할 때 사용됨
- 두 물질 모두 독성과 폭발 가능성이 있어 사용 후 철저한 환기·중화 절차가 필요함
- GMP 규정에서는 EO 잔류 허용기준(10 ppm 이하 등)을 엄격히 제한하고 있음

02 생산 세포 준비

01
세포가 생명 활동의 최소 단위로 정의되는 이유를 설명하시오.

정답 세포는 독립적으로 대사와 증식을 수행할 수 있는 가장 작은 단위이기 때문임.

해설
- 세포는 영양분을 흡수하여 에너지를 생성하고, 자체적으로 증식할 수 있는 최소 단위임
- DNA에 유전정보를 저장하고, 이를 발현하여 단백질 합성 등 생명 활동을 수행함
- 원핵세포 · 진핵세포 모두 생명 유지에 필요한 구조와 기능을 보유함
- 세포 내부의 소기관이 각기 기능을 담당하여 전체 생명 활동을 조정함
- 따라서 세포는 생명 현상의 기본 단위로 정의되며, 생명과학의 출발점이 됨

02
세포 내에서 유전정보 발현의 기본 과정을 설명하시오.

정답 DNA → RNA → 단백질의 흐름으로, 전사와 번역 과정을 거쳐 유전정보가 발현됨.

해설
- DNA에 저장된 정보가 RNA로 복사되는 과정을 전사(transcription) 라고 함
- 전사된 mRNA는 리보솜에서 단백질로 합성되며, 이를 번역(translation) 이라고 함
- 단백질은 효소, 구조 단백질, 신호분자 등으로 작용하여 세포 기능을 담당함
- 유전자의 발현은 환경 조건이나 세포 상태에 따라 조절되어 다양성이 나타남
- 이 흐름은 분자생물학의 중심 원리(Central Dogma)로, 생명 활동의 근간을 설명함

03

원핵세포와 진핵세포의 주요 차이점을 2가지 이상 설명하시오.

정답
① 원핵세포에는 핵막이 없고 DNA가 세포질에 존재함
② 진핵세포에는 핵막과 소기관이 존재함

해설
- 원핵세포(prokaryote)는 세포막은 있으나 핵막·세포소기관이 없어 구조가 단순함
- DNA는 원형 염색체 형태로 세포질 내 핵양체(nucleoid)에 존재함
- 진핵세포(eukaryote)는 핵막으로 둘러싸인 핵을 가지며, DNA가 선형 염색체로 존재함
- 미토콘드리아, 소포체, 리소좀 등 막성 소기관이 있어 대사·합성이 분업화됨
- 세포 구조적 차이는 복잡한 대사 조절, 다세포 생물의 발달과 직결됨

04

세포 내 단백질 합성 장소와 그 의미를 설명하시오.

정답 리보솜에서 단백질이 합성되며, 이는 유전정보 발현의 최종 산물임.

해설
- 리보솜은 rRNA와 단백질로 이루어진 복합체로, 세포 내 단백질 공장 역할을 함
- mRNA의 코돈 정보를 해독하여 아미노산을 연결하고 폴리펩타이드 사슬을 합성함
- 세포질 자유 리보솜에서는 세포 내부에서 사용하는 단백질이 합성됨
- 조면소포체(RER)에 붙은 리보솜은 분비 단백질·막단백질 합성에 관여함
- 단백질 합성 과정은 세포 성장, 신호전달, 효소 반응 등 모든 생명 활동의 기반임

05

세포 내 에너지 대사의 중심이 되는 세포소기관은 무엇이며, 그 이유를 설명하시오.

정답 미토콘드리아, 산화적 인산화 과정을 통해 ATP를 합성하기 때문임.

해설
- 미토콘드리아는 세포 호흡의 중심 기관으로, 영양소 분해 산물을 이용해 ATP를 생성함
- TCA 회로(시트르산 회로)와 전자전달계를 통해 고에너지 전자를 ATP로 전환함
- ATP는 세포 내 모든 대사 반응과 운동, 수송 등에 필요한 에너지 화폐 역할을 함
- 이중막 구조로 외막은 물질 교환, 내막은 ATP 합성효소가 집중됨
- '세포의 발전소(Powerhouse of the Cell)'라 불리며, 생명 활동 유지에 핵심적임

06

연속배양에서 세포의 정상상태(steady state) 유지 조건을 설명하시오.

정답 세포의 성장속도(μ)와 희석율(D)이 같을 때 정상상태가 유지됨.

해설
- 연속배양은 신선한 배지를 지속적으로 공급하고, 같은 속도로 배양액을 제거하는 방식임
- 이때 세포 성장속도(μ)가 유입 배지 희석율(D)과 같아지면 세포 농도가 일정하게 유지됨
- 정상상태에서는 세포 성장, 대사, 산물 생산이 안정적으로 이루어져 공정 제어가 용이함
- Chemostat · Turbidostat 등의 장치를 통해 희석율을 조절하며 steady state를 확보함
- GMP 생산공정에서는 정상상태 유지가 균질한 품질과 재현성을 확보하는 핵심임

07

세포 배양 시 필요한 주요 영양소 4가지를 쓰시오.

정답 탄소원, 질소원, 무기염류, 비타민

해설
- 탄소원: 포도당, 유당 등 세포 성장과 대사 에너지 공급원임
- 질소원: 아미노산, 암모늄염 등 단백질 · 핵산 합성에 필수적임
- 무기염류: Na^+, K^+, Mg^{2+}, Ca^{2+} 등 세포 내 삼투압 · 효소 활성 조절에 필요함
- 비타민: 효소 반응의 조효소(coenzyme)로 작용하며, 미량이지만 필수적임
- 배지 조성은 세포 종류 · 생산 목적에 따라 최적화되며, 세포 생산성에 직접적인 영향을 줌

08

세포 배양에서 pH 조절이 필요한 이유를 설명하시오.

정답 세포의 효소 활성과 대사가 최적 조건에서 유지되도록 하기 위함임.

해설
- 세포 대사산물(젖산, 이산화탄소 등)은 배양액의 pH를 급격히 변화시킴
- 효소 반응은 좁은 pH 범위에서만 활성화되므로 적절한 조절이 필요함
- 보통 pH 7.0 ~ 7.4 범위에서 세포가 안정적으로 성장함
- pH 조절은 완충용액(HEPES, 인산염)이나 가스 공급(CO_2)으로 수행됨
- pH가 벗어나면 세포 성장 저하, 산물 수율 감소, 대사 불균형으로 이어짐

09
배양 시 산소 공급이 중요한 이유를 설명하시오.

정답 세포 호흡과 에너지 생산에 필요한 산화적 인산화를 가능하게 하기 때문임.

해설
- 호기성 세포는 전자전달계에서 산소를 최종 전자수용체로 사용함
- 산소 공급이 부족하면 해당과정(glycolysis) 의존도가 커지고 젖산 축적이 증가함
- 이는 세포 성장 속도 저하, 배양액 산성화, 산물 생산성 감소를 유발함
- 산소는 용해도가 낮으므로 교반·산소포화 제어(O_2 sparging)가 필요함
- 대규모 발효조에서는 산소전달계수(KLa)를 공정 제어의 핵심 지표로 삼음

10
세포 배양에서 사용하는 대표적 배지의 종류를 2가지 이상 쓰고 설명하시오.

정답 합성배지(Synthetic medium), 복합배지(Complex medium)

해설
- 합성배지 : 모든 조성이 화학적으로 규정된 배지, 재현성이 높고 대사 연구에 적합함
- 복합배지 : 펩톤, 효모추출물 등 천연 성분을 포함, 세포 성장에 유리하나 조성이 불명확함
- 합성배지는 미생물학·세포대사 연구, 대사경로 분석 등에 주로 사용됨
- 복합배지는 생산성을 중시하는 산업 발효·대량배양에 적합함
- GMP 생산공정에서는 배지의 성분·원료 규격 관리가 필수이며, 추적 가능한 관리체계가 요구됨

11
동물세포 배양에서 혈청(Serum)을 사용하는 목적을 설명하시오.

정답 세포 성장에 필요한 성장인자, 호르몬, 영양소 등을 공급하기 위함임.

해설
- 혈청은 세포 외부 환경을 보완해주는 보조제로, 세포 부착과 증식을 촉진함
- 성장인자(Growth factors), 호르몬, 운반단백질(트랜스페린), 지질 등을 함유함
- 항산화제와 접착인자를 제공하여 세포 생존율을 높임
- 동물세포 배양에서 가장 널리 쓰이는 혈청은 FBS(Fetal Bovine Serum)임
- 그러나 가격이 비싸고, 성분 변동·오염 위험이 있어 최근에는 무혈청 배지(serum-free medium)로 대체 연구가 활발함

12

무혈청 배지(Serum-free medium)의 장점을 2가지 이상 쓰시오.

정답 ① 성분이 일정하여 재현성이 높음
② 오염 위험이 줄고, 정제 과정이 용이함

해설
- 혈청 대신 특정 성장인자와 영양소를 인공적으로 첨가해 조성한 배지임
- 성분이 화학적으로 규명되어 있어 실험 간 차이를 줄이고 재현성을 확보할 수 있음
- 바이러스, 미코플라스마 등 혈청 유래 오염원의 위험이 현저히 낮음
- 단백질 정제 시 불필요한 혈청 단백질이 없으므로 다운스트림 공정이 간단해짐
- GMP 공정에서는 품질 표준화와 비용 절감을 위해 무혈청 배지 사용이 확대되는 추세임

13

세포 배양 시 사용되는 항생제를 첨가하는 목적을 설명하시오.

정답 세균·진균 오염을 억제하여 세포 배양을 안정적으로 유지하기 위함임.

해설
- 배양 과정은 오염 위험이 높기 때문에 예방적으로 항생제를 첨가하는 경우가 많음
- 페니실린, 스트렙토마이신, 암포테리신 B 등이 대표적으로 사용됨
- 세균이나 곰팡이의 증식을 억제하여 세포 배양 안정성을 보장함
- 그러나 장기간 사용 시 내성균 발생·세포 대사 교란 위험이 있어 최소 사용이 원칙임
- GMP 생산에서는 원칙적으로 무항생제 배양을 권장하며, 오염 방지는 무균조작으로 달성하는 것이 표준임

14

세포 배양에서 CO_2 공급이 필요한 이유를 설명하시오.

정답 배지 내 완충작용을 유지하여 pH를 안정화하기 위함임.

해설
- 대부분의 세포 배양 배지에는 중탄산염($NaHCO_3$)이 포함되어 있음
- CO_2 공급은 이 중탄산염과 평형을 이루어 배지 pH를 7.2~7.4로 유지함
- 세포가 대사하며 젖산을 축적하면 배지 산성이 증가하는데, CO_2-중탄산 완충계가 이를 보정함
- 인큐베이터는 보통 5% CO_2 농도를 유지하여 세포 성장을 안정화시킴
- pH 불안정은 세포 성장 저하와 산물 생산성 감소로 직결되므로, CO_2 제어는 핵심 관리 항목임

15
세포 배양에서 교반(stirring)이 필요한 이유를 설명하시오.

정답 세포와 영양분·산소의 접촉을 고르게 하여 성장과 생산성을 높이기 위함임.

해설
- 대형 배양조에서는 세포 밀도가 높아지면 산소·영양분의 분포가 불균일해짐
- 교반은 배양액을 균일하게 섞어 세포에 필요한 물질이 고르게 공급되도록 함
- 산소 전달을 촉진하여 산소 부족으로 인한 혐기 대사 전환을 방지함
- 대사 산물과 열도 균일하게 분산시켜 국소적 축적이나 온도 편차를 줄임
- 교반 속도가 너무 빠르면 세포에 전단응력(shear stress)이 발생할 수 있어 적절한 제어가 필요함

16
세포 배양에서 사용하는 버퍼(buffer)의 역할을 설명하시오.

정답 배지의 pH 변화를 완충하여 세포가 안정적인 환경에서 성장할 수 있도록 함.

해설
- 세포 대사 과정에서 젖산, 암모니아 등이 축적되면 배지 pH가 급격히 변할 수 있음
- 버퍼는 산·염기 변화를 흡수하여 pH를 일정 범위 내로 유지함
- 대표적으로 인산염 버퍼(PBS), HEPES 버퍼가 사용됨
- 적절한 pH 유지가 효소 활성, 단백질 구조 안정성, 세포 증식률에 직접적으로 연결됨
- GMP 공정에서는 배지 제조 시 버퍼의 조성·농도를 엄격히 관리하여 품질 변동을 최소화함

17
세포 배양에서 사용되는 배양기의 주요 기능 3가지를 쓰시오.

정답 ① 온도 조절, ② pH 조절, ③ 산소·이산화탄소 농도 조절

해설
- 배양기는 세포가 최적 환경에서 성장할 수 있도록 조건을 유지하는 장치임
- 일정한 온도(보통 37℃)를 유지하여 세포 대사 효소가 정상적으로 작동하게 함
- pH 조절은 CO_2 공급 및 완충계 작용으로 이루어짐
- 산소·이산화탄소 조절은 세포 호흡 및 대사 안정성 확보를 위해 필요함
- 교반 기능을 통해 영양소·산소 공급을 균일하게 유지할 수 있음
- GMP 기준에서는 배양기 내 모든 센서·제어장치의 교정과 검증이 정기적으로 요구됨

18
세포 배양 시 멸균된 배지를 사용하는 이유를 설명하시오.

정답 오염을 방지하여 세포의 안정적인 증식과 연구·생산 결과의 신뢰성을 확보하기 위함임.

해설
- 멸균되지 않은 배지는 세균·곰팡이 등 오염 미생물이 함께 증식할 수 있음
- 이는 세포 성장 저해, 산물 오염, 실험 실패로 직결됨
- 고압증기멸균(Autoclave), 여과멸균(0.22 μm 필터) 등이 주로 사용됨
- 멸균 배지 사용은 세포주 관리, 의약품 생산, 연구 실험에서 필수적인 절차임
- GMP에서는 멸균 여부를 기록하고, 멸균 검증(Biological indicator test)을 통해 확인함

19
동물세포 배양에서 사용하는 배양기 내부에 습도를 유지하는 이유를 설명하시오.

정답 배지 증발을 방지하고 세포 환경을 안정적으로 유지하기 위함임.

해설
- 인큐베이터 내부는 보통 95% 이상의 상대습도를 유지함
- 습도가 낮으면 배양액이 증발해 삼투압과 영양소 농도가 변함 → 세포 스트레스 유발
- 습도가 일정하면 배지 부피가 일정하게 유지되어 재현성이 높아짐
- 고습 환경은 CO_2 농도 조절과 함께 pH 안정화에도 기여함
- GMP 관리에서는 배양기 습도 센서 점검 및 물통 교환 주기가 표준화되어 있음

20
세포 배양에서 전단응력(shear stress)이 중요한 이유를 설명하시오.

정답 과도한 전단응력은 세포 손상을 일으켜 성장과 생산성을 저해하기 때문임.

해설
- 교반, 기포 발생, 펌프 순환 과정에서 전단응력이 발생할 수 있음
- 동물세포·줄기세포는 구조가 약해 전단응력에 민감하게 반응함
- 전단응력이 과하면 세포막 손상, 세포사멸, 단백질 생산 감소가 일어남
- 이를 줄이기 위해 임펠러 디자인 개선, 미세기포 발생 방지, 보호제 첨가(Pluronic F-68 등)를 활용함
- 대규모 배양 공정에서는 전단응력 제어가 생산성·품질 유지의 핵심 변수임

21

세포 동결보존 시 사용하는 주요 보호제를 2가지 이상 쓰시오.

정답 DMSO(디메틸설폭사이드), 글리세롤

해설
- 세포를 -80℃나 액체질소(-196℃)에 보존할 때 얼음 결정 형성이 가장 큰 손상 요인임
- DMSO와 글리세롤은 침투성 보호제로, 세포 내외에 분포해 얼음 결정 생성을 억제함
- 동결보존은 연구용 세포주, 산업용 세포은행 구축에 필수적임
- 보호제를 첨가하면 세포 생존율이 높아지고, 해동 후 정상적인 증식이 가능해짐
- GMP 세포치료제 생산에서는 보호제 농도·세포 밀도를 표준화해 관리함

22

동결보존 과정에서 서서히 냉각하는 이유를 설명하시오.

정답 세포 내 얼음 결정 형성을 최소화하기 위함임.

해설
- 냉각 속도가 너무 빠르면 세포 내 수분이 순간적으로 얼어 세포막과 소기관이 손상됨
- 반대로 너무 느리면 삼투압 불균형으로 세포 내 수분이 과도하게 빠져나가 손상이 일어남
- 일반적으로 -1℃/min 정도의 속도로 냉각하는 것이 가장 적합함
- 프로그램된 동결기나 알콜박스(freezing container)를 사용해 속도를 조절함
- 이 과정을 통해 해동 후에도 세포 생존율을 확보할 수 있음

23

세포 해동 시 37℃ 수욕에서 빠르게 해동하는 이유를 설명하시오.

정답 해동 과정에서 발생하는 얼음 결정 성장을 최소화하기 위함임.

해설
- 해동이 느리면 남아 있는 얼음 결정이 더 크게 성장하여 세포막을 손상시킴
- 37℃ 수욕에서 신속히 해동하면 세포 내외의 결정 성장이 억제됨
- 이후 즉시 보호제를 희석·제거해야 세포 독성을 줄일 수 있음
- 빠른 해동은 세포 생존율을 극대화하고 정상적인 증식률을 보장함
- 세포은행 관리 표준(SOP)에서도 해동 속도와 후처리 절차를 엄격히 규정하고 있음

24

세포 동결보존 시 사용되는 저장 온도를 2가지 이상 쓰시오.

정답 -80℃ 초저온 냉동고, 액체질소탱크(-196℃)

해설
- 세포는 장기 보존 시 대사활동이 완전히 정지되는 온도가 필요함
- -80℃ 초저온 냉동고는 단기(수개월 ~ 1년) 보관에 적합함
- 액체질소(-196℃) 저장은 장기(수년 이상) 보관에서도 세포 특성이 안정적으로 유지됨
- 액상 · 기상 보관 방식이 있으며, 액상 보관은 오염 위험이 있어 기상 보관이 권장됨
- GMP 기준에서는 세포은행 마스터셀뱅크(MCB), 워킹셀뱅크(WCB)를 액체질소탱크에 보관함

25

세포 배양에서 오염 여부를 확인하는 방법을 2가지 이상 쓰시오.

정답 현미경 관찰, 배지 혼탁도 확인

해설
- 세포 배양 중 세균 · 진균에 오염되면 배지 색 변화 · 혼탁도 증가가 나타남
- 현미경으로 관찰 시 세포 외부에 작은 입자나 균사가 보이면 오염을 의심함
- 배지 pH 지시약(페놀레드) 색 변화도 중요한 지표가 됨
- 미코플라스마 오염은 현미경으로 보이지 않아 PCR · DNA 염색법을 병행해야 함
- 오염 확인은 실험 실패를 예방하고, GMP 생산에서 제품 품질을 보증하기 위한 필수 단계임

26

세포 배양 시 사용되는 인큐베이터의 CO_2 농도는 일반적으로 얼마이며, 그 이유를 설명하시오.

정답 약 5%, 배지 내 중탄산염 완충계의 평형을 유지하기 위함임.

해설
- 대부분의 세포 배양 배지는 $NaHCO_3$를 포함하고 있으며, 이는 CO_2와 평형을 이루어 pH를 안정화함
- 5% CO_2 환경은 배지의 pH를 7.2~7.4 범위에서 유지시켜 세포 생존에 적합함
- CO_2가 부족하면 pH가 알칼리성으로 변하고, 과잉이면 산성화되어 세포 성장에 장애가 생김
- 따라서 인큐베이터는 일정한 CO_2 농도를 자동으로 조절 · 유지하도록 설계되어 있음
- GMP 세포배양실에서는 CO_2 농도 모니터링 · 경보 시스템이 표준으로 설치되어 있음

27

동물세포 배양에서 흔히 발생하는 오염원 3가지를 쓰시오.

정답 세균, 진균(곰팡이·효모), 미코플라스마

해설
- 세균: 빠르게 증식하여 배지 혼탁도 증가 및 세포사멸을 일으킴
- 진균: 포자 형태로 공기 중 전파되며, 배지 표면에 군락 형성
- 미코플라스마: 세포막이 없어 필터를 통과할 수 있으며, 배양액을 탁하게 하지 않아 발견이 어려움
- 오염은 세포 생리·대사에 직접적인 영향을 주며, 연구 결과와 제품 품질을 심각하게 저해함
- 따라서 주기적 오염검사(PCR, Hoechst 염색 등)와 무균조작 교육이 필수적임

28

세포 배양 시 사용되는 배지의 색이 노란색으로 변하는 이유를 설명하시오.

정답 세포 대사산물인 젖산 축적에 의해 pH가 산성으로 변하기 때문임.

해설
- 대부분의 세포 배양 배지에는 pH 지시약으로 페놀레드가 포함됨
- 배지 색은 pH 7.4에서 붉은색 → 산성으로 가면 노란색으로 변함
- 세포가 포도당을 대사하면서 젖산이 축적되면 pH가 낮아짐
- 이는 세포 밀도 증가 또는 산소 공급 부족의 지표가 되기도 함
- 배지 색 변화는 배지 교환 시기·공정 제어의 중요한 시각적 지표로 활용됨

29

세포 배양 시 항생제에 의존하는 것이 바람직하지 않은 이유를 설명하시오.

정답 항생제 내성 발생과 세포 생리에 부정적 영향을 줄 수 있기 때문임.

해설
- 항생제는 세균·진균 오염 억제에 유용하지만 장기 사용 시 내성균을 만들 위험이 큼
- 일부 항생제는 세포 대사나 단백질 합성에도 영향을 주어 연구 결과를 왜곡할 수 있음
- 의도치 않게 오염이 은폐되어 발견이 늦어지는 부작용도 있음
- 따라서 항생제는 초기 연구 단계에서 제한적으로 사용하고, GMP 생산에서는 무항생제 배양을 표준으로 함
- 무균조작 교육·시설 관리가 항생제보다 더 근본적인 오염 방지책임

30

세포 배양에서 배양밀도가 지나치게 높아질 경우 나타나는 문제점을 2가지 이상 쓰시오.

정답 ① 영양분 고갈, ② 대사산물 축적(산성화)

해설
- 세포 밀도가 높아지면 배지 내 탄소원·질소원 등 영양분이 빠르게 소모됨
- 동시에 젖산, 암모니아 등 대사산물이 축적되어 배지 pH가 변하고 세포 생존율이 저하됨
- 세포 간 공간 경쟁으로 산소 공급이 부족해지고 성장 곡선이 정체기에 도달함
- 장기간 방치 시 세포 사멸·괴사로 이어져 배양 유지가 불가능함
- 따라서 일정 밀도 이상에서는 계대배양(subculture)이나 배지 교환이 필요함

31

세포 계대배양(subculture)이 필요한 이유를 설명하시오.

정답 세포 밀도가 과도하게 높아져 성장이 저해되는 것을 방지하기 위함임.

해설
- 세포가 배양기에서 증식하면 일정 밀도 이후에는 영양분 고갈·대사산물 축적으로 성장이 억제됨
- 이때 일부 세포를 새로운 배지로 옮겨주면 성장 환경이 회복되어 계속 증식할 수 있음
- 계대배양은 세포주의 장기 보존과 연구·생산 목적의 연속성을 확보하는 핵심 절차임
- 하지만 너무 잦은 계대는 세포 노화, 변이 발생을 유발할 수 있어 주기 관리가 필요함
- GMP에서는 계대 횟수(PDL, Passage number)를 기록·관리하여 제품 일관성을 확보함

32

부착성 세포(adhesion-dependent cell)를 분리하기 위해 사용하는 효소는 무엇인가?

정답 트립신(Trypsin)

해설
- 부착성 세포는 배양기 벽면에 붙어 증식하므로 계대배양 시 분리가 필요함
- 트립신은 단백질 분해효소로, 세포와 기질 간 결합을 끊어 세포를 떨어뜨림
- 보통 EDTA와 함께 사용되어 세포막 손상을 최소화함
- 효소 처리 후 신속히 중화(혈청 첨가 등)하지 않으면 세포가 손상될 수 있음
- GMP 배양에서는 세포 특성·안전성을 위해 트립신 사용 조건을 SOP로 표준화함

33

동물세포 배양에서 사용하는 대표적인 배양 방식 2가지를 쓰시오.

정답 정적 배양(Static culture), 교반 배양(Spinner culture)

해설
- 정적 배양: 세포를 플라스크·디쉬 표면에 부착시켜 배양하는 방식, 소규모 연구용에 적합함
- 교반 배양: 현탁세포를 교반기에서 배양하는 방식, 대량 생산에 적합함
- 교반 배양은 영양분·산소 공급이 균일하고 세포 농도를 고르게 유지할 수 있음
- 반면, 정적 배양은 관찰·취급이 용이하지만 생산성이 낮음
- 대규모 바이오 생산에서는 교반식 배양기가 표준적으로 사용됨

34

하이브리도마(hybridoma) 기술의 목적을 설명하시오.

정답 단일클론항체(monoclonal antibody) 생산을 위해서임.

해설
- 하이브리도마는 B세포와 골수종 세포를 융합하여 무한 증식 능력을 가지는 세포주임
- 항체 생성 능력을 유지하면서 배양이 가능해 대량 항체 생산이 가능함
- 이 기술은 진단용 시약, 치료용 항체 의약품 개발에 핵심적으로 활용됨
- 1975년 Köhler와 Milstein이 개발하여 노벨상을 수상한 이후, 항체 의약품 산업의 기반이 됨
- GMP 항체 생산공정에서는 하이브리도마 기반 세포주 개발 → 항체 정제 → 품질검증 과정을 포함함

35

세포 융합에 사용되는 대표적 화학물질은 무엇인가?

정답 PEG(Polyethylene glycol)

해설
- PEG는 세포막을 일시적으로 불안정하게 만들어 서로 융합되도록 유도함
- 하이브리도마 기술에서 B세포와 골수종 세포를 융합할 때 가장 널리 사용됨
- 세포 융합 후 선택 배지(HAT medium)에서 하이브리도마만 생존·증식함
- PEG 이외에도 전기충격을 이용한 전기융합(electrofusion) 방법도 있음
- 세포 융합은 단일클론항체 생산뿐 아니라 세포융합 연구, 재생의학 응용에도 활용됨

36

세포 배양 시 혈청을 사용하는 단점 2가지를 쓰시오.

정답 ① 성분의 불확실성과 변동성, ② 오염 위험

해설
- 혈청은 다양한 성분이 혼합된 복합물로, 성분 조성이 일정하지 않아 실험 재현성이 떨어짐
- 생산 로트마다 품질 차이가 크고, 가격 변동 폭도 큼
- 바이러스, 마이코플라스마, 프리온 등 병원체 오염 위험이 존재함
- 단백질 정제 시 혈청 단백질이 함께 섞여 공정이 복잡해짐
- 최근 GMP 및 바이오의약품 생산에서는 혈청 대체제나 무혈청 배지를 선호하는 추세임

37

미코플라스마(Mycoplasma) 오염이 특히 문제가 되는 이유를 설명하시오.

정답 현미경으로 관찰하기 어렵고 세포 생리에 큰 영향을 주기 때문임.

해설
- 미코플라스마는 세포벽이 없어 여과 필터(0.22 μm)도 통과할 수 있음
- 배양액을 뿌옇게 하지 않기 때문에 육안·현미경으로 확인이 어려움
- 오염되면 세포 성장 지연, 유전자 발현 변화, 단백질 생산 저하를 초래함
- 오염 검출에는 PCR, Hoechst 염색, ELISA 기반 키트 등이 사용됨
- GMP 세포 배양공정에서는 정기적인 미코플라스마 검사와 기록 관리가 필수임

38

세포 배양에서 사용하는 Laminar flow hood(무균작업대)의 역할을 설명하시오.

정답 멸균 공기를 공급하여 무균 환경을 유지하고 외부 오염을 차단함.

해설
- HEPA 필터를 통과한 청정 공기를 일정한 방향으로 흐르게 해 작업 공간을 보호함
- 작업자는 멸균된 공기 흐름 속에서 배양 조작을 수행하므로 오염이 최소화됨
- 수평식·수직식 구조가 있으며, 목적에 따라 선택적으로 사용함
- 무균조작(Aseptic technique) 훈련과 병행해야 효과가 극대화됨
- GMP 시설에서는 무균작업대 사용 전·후 청소, UV 멸균, 공기입자 모니터링을 표준화함

39
세포주(cell line)의 의미를 설명하시오.

정답 한 세포에서 유래하여 증식 능력을 가지는 균일한 세포 집단

해설
- 세포주는 특정 조직이나 개체에서 분리된 세포가 계대배양을 통해 유지된 집단임
- 동일한 유전적 배경을 가지므로 실험 결과의 재현성이 높음
- 연구용 세포주(예 : HeLa, CHO)와 생산용 세포주로 구분됨
- 의약품·백신 생산에서는 GMP 기준에 맞춘 마스터셀뱅크(MCB), 워킹셀뱅크(WCB)를 구축해 사용함
- 세포주는 장기 배양 시 돌연변이·오염 위험이 있어 관리 체계가 중요함

40
세포 융합 후 선택 배지(HAT medium)를 사용하는 이유를 설명하시오.

정답 융합세포만 생존·증식하게 하기 위함임

해설
- HAT 배지는 Hypoxanthine, Aminopterin, Thymidine을 포함하고 있음
- 골수종 세포는 HGPRT 효소가 없어 HAT 배지에서 생존할 수 없음
- 정상 B세포는 수명이 짧아 오래 살아남지 못함
- 반면, 융합된 하이브리도마 세포는 HGPRT를 공급받아 HAT 배지에서 증식 가능함
- 이 선택 과정을 통해 항체를 지속적으로 생산할 수 있는 세포만 확보됨

41
세포 배양에서 배지 교환을 하는 이유를 설명하시오.

정답 고갈된 영양분을 보충하고 축적된 대사산물을 제거하기 위함임.

해설
- 세포가 성장하면서 포도당, 아미노산 등 주요 영양분이 소모됨
- 동시에 젖산, 암모니아 등 대사산물이 축적되어 세포 생존에 악영향을 줌
- 배지를 교환하면 영양분이 회복되고, 독성 물질이 제거되어 세포 성장과 생산성이 유지됨
- 일정한 주기의 배지 교환은 세포 생리 안정성을 확보하는 핵심 관리 항목임
- GMP 공정에서는 배지 교환 빈도와 방법을 SOP로 규정하고, 배지 로트 번호까지 기록 관리함

42

부유 배양(suspension culture)의 장점을 2가지 이상 쓰시오.

정답 ① 대량 배양에 적합함, ② 교반을 통한 영양분·산소 공급이 균일함.

해설
- 부유 배양은 세포가 배지 속에 떠 있는 상태로 증식하는 방식임
- 대형 배양조에 적용하기 쉬워 산업적 규모의 대량생산에 유리함
- 교반과 가스 공급으로 세포 성장 환경이 균일하게 유지됨
- 부착 표면이 필요 없으므로 처리 과정이 간단하고, 계대배양이 용이함
- 항체·단백질 생산용 세포주에서 표준적으로 사용되는 방식임

43

부착 배양(adhesion culture)의 특징을 설명하시오.

정답 세포가 표면에 부착하여 성장하며, 주로 연구용 소규모 배양에 사용됨.

해설
- 동물세포의 대부분은 부착성을 띠므로 배양기 표면에 붙어야 증식함
- 현미경 관찰이 용이하고 세포 형태·생리 연구에 적합함
- 하지만 표면적에 의존하기 때문에 대량 생산에는 부적합함
- 계대배양 시 효소(트립신) 처리가 필요하고, 오염 위험이 증가함
- GMP 생산보다는 기초연구·세포특성 분석에서 주로 활용됨

44

동물세포 배양에서 흔히 사용하는 대표적 세포주 2가지를 쓰시오.

정답 HeLa 세포, CHO 세포

해설
- HeLa 세포 : 자궁경부암 세포에서 유래, 불멸화되어 지속 증식 가능. 기초연구, 독성시험에 널리 활용됨
- CHO 세포(Chinese Hamster Ovary) : 단백질 발현이 뛰어나 항체·재조합 단백질 생산의 산업 표준 세포주임
- 이 외에도 HEK293, Vero, Hybridoma 등 다양한 세포주가 목적에 따라 사용됨
- GMP 항체 생산에서는 CHO 세포주가 가장 널리 채택되며, 품질·안전성 검증을 통해 관리됨

45
동물세포 배양 시 배양기 내 온도를 37°C로 유지하는 이유를 설명하시오.

정답 대부분의 동물세포가 체온 조건에서 최적의 대사활성을 유지하기 때문임.

해설
- 포유류 세포는 약 37°C에서 효소 활성과 세포 분열 속도가 가장 안정적임
- 온도가 낮으면 대사가 저하되어 성장 속도가 느려지고, 너무 높으면 단백질 변성이 일어남
- 일부 세포는 32 ~ 35°C에서 배양해 특수 목적(단백질 품질 향상)을 달성하기도 함
- 배양기 내부는 열 분포가 균일하도록 설계되어 세포주별 최적 온도를 유지함
- GMP 생산공정에서는 온도 모니터링과 기록이 자동화되어 규제기관 심사 시 핵심 검증 항목이 됨

46
동물세포 배양에서 사용되는 완충용액 중 HEPES의 특징을 설명하시오.

정답 CO_2 의존성이 적고, 넓은 pH 범위에서 안정적인 완충작용을 함.

해설
- HEPES는 생리학적 범위(pH 6.8 ~ 8.2)에서 강력한 완충능을 가진 zwitterion 계열 완충제임
- CO_2-중탄산 완충계와 달리 인큐베이터 CO_2 농도 변화에 크게 영향을 받지 않음
- 빛에 의해 분해될 수 있어 보관 시 주의가 필요함
- 장기 배양 실험, 현장 실험, 무CO_2 배양 조건에서 유용하게 활용됨
- GMP 공정에서는 안정성 · 재현성을 위해 HEPES 농도와 배지 조성의 표준화가 필요함

47
세포 배양에서 사용하는 항생제인 페니실린의 작용 기전을 설명하시오.

정답 세균의 세포벽 합성을 억제하여 증식을 저해함.

해설
- 페니실린은 세균의 펩티도글리칸 합성을 저해하여 세포벽 형성을 방해함
- 세포벽이 약화되면 삼투압에 의해 세균이 쉽게 파괴됨
- 그람양성균에 특히 효과적임
- 세포 배양에서는 세균 오염을 방지하기 위해 스트렙토마이신과 병용되기도 함
- GMP 세포 배양공정에서는 항생제 의존을 최소화하고 무균조작을 원칙으로 함

48
진탕배양(shaking culture)의 목적을 설명하시오.

정답 산소 공급과 영양분 분포를 균일하게 하여 세포 성장을 촉진하기 위함임.

해설
- 진탕배양은 배양 플라스크를 흔들어 액체 표면적을 넓히고 산소 용해를 증가시킴
- 세포와 영양분의 접촉이 고르게 유지되어 성장률이 향상됨
- 대사 산물의 국소적 축적을 방지해 세포 상태가 안정적으로 유지됨
- 주로 미생물, 효모, 일부 부유성 동물세포 배양에 활용됨
- 대규모 생산 이전의 연구·스케일업 단계에서 기본적인 실험 방법임

49
동물세포 배양 시 사용하는 트립신 처리 후 반드시 혈청을 첨가하는 이유를 설명하시오.

정답 트립신의 단백질 분해 작용을 중화하여 세포 손상을 방지하기 위함임.

해설
- 트립신은 세포와 기질 간 결합을 끊어 부착세포를 분리하는 데 사용됨
- 하지만 장시간 노출되면 세포막 단백질까지 분해하여 세포를 손상시킴
- 혈청에는 트립신 억제인자가 포함되어 있어 효소 활성을 중화시킴
- 따라서 효소 처리 후 즉시 혈청을 첨가하여 세포의 생존율을 높임
- GMP 세포 배양에서는 효소 처리 시간, 혈청 중화 절차를 SOP로 문서화해 관리함

50
배양기 내 산소 공급이 부족할 때 세포에서 나타나는 대사적 변화는 무엇인가?

정답 혐기성 해당과정으로 전환되어 젖산이 축적됨.

해설
- 산소가 부족하면 전자전달계가 작동하지 않아 산화적 인산화가 억제됨
- 세포는 에너지를 얻기 위해 해당과정을 통해 ATP를 생산하게 됨
- 이 과정에서 피루브산이 젖산으로 환원되어 축적됨
- 결과적으로 배양액 pH가 낮아지고 세포 성장률과 생산성이 감소함
- 대규모 배양에서는 산소전달계수(KLa)를 높여 용존산소를 확보해야 함

51

세포 배양 시 배양액에 페놀레드(Phenol red)를 첨가하는 목적은 무엇인가?

정답 pH 변화를 색으로 확인하기 위함임.

해설
- 페놀레드는 pH 지시약으로, 배양액의 산성·알칼리성 변화를 쉽게 관찰할 수 있음
- pH 7.4 부근에서 붉은색을 띠며, 산성화되면 노란색, 알칼리화되면 보라색으로 변함
- 세포 대사에 따라 젖산, 암모니아가 축적되면 색 변화로 배지 상태를 확인할 수 있음
- 시각적 지표이므로 배지 교환 시기와 세포 건강 상태를 간편히 모니터링 가능함
- GMP 배양 공정에서는 색상 변화뿐 아니라 pH 센서를 병행해 관리하는 것이 원칙임

52

세포 배양 시 교반 속도를 적절히 유지해야 하는 이유를 설명하시오.

정답 산소 공급과 영양분 분포를 균일하게 하되, 세포에 전단응력을 주지 않기 위함임.

해설
- 교반은 세포가 배지 속에서 고르게 분포하도록 하여 성장 환경을 일정하게 유지함
- 산소 용해도가 낮기 때문에 교반은 산소 전달을 높이는 데 필수적임
- 하지만 과도한 교반은 세포막을 손상시키고 세포 사멸을 유도할 수 있음
- 따라서 교반 속도는 산소전달계수(KLa)와 세포 종류를 고려하여 최적화해야 함
- GMP에서는 교반 속도·산소전달율의 검증 데이터를 기준으로 표준 조건을 설정함

53

동물세포 배양 시 사용하는 대표적 에너지 공급원은 무엇인가?

정답 포도당(Glucose)

해설
- 포도당은 해당과정과 TCA 회로를 통해 ATP를 생성하는 주 에너지원임
- 세포 성장과 단백질·핵산 합성에 필요한 에너지를 공급함
- 포도당 농도가 너무 높으면 젖산 축적이 심해져 세포 성장이 억제됨
- 따라서 배지 내 포도당 농도는 일정 범위(보통 1~5 g/L)로 조절함
- 대규모 배양에서는 피드배치(feed-batch) 방식으로 포도당을 적정량 공급함

54
세포 배양에서 사용하는 혈청의 대표적 성분 2가지를 쓰시오.

정답 성장인자(Growth factors), 운반단백질(Transferrin 등)

해설
- 혈청은 세포 부착, 증식, 생존에 필요한 다양한 성분을 함유함
- 성장인자는 세포주기 진행과 증식을 촉진하는 역할을 함
- 운반단백질은 철, 지질, 호르몬 등을 세포에 전달함
- 이외에도 호르몬, 접착인자, 항산화인자 등이 포함되어 세포 환경을 안정화함
- 그러나 혈청은 성분 변동성과 오염 위험이 있어 무혈청 배지 개발이 확대되는 추세임

55
세포 배양에서 사용하는 대표적 오염 검출 방법 2가지를 쓰시오.

정답 현미경 관찰, PCR 검사

해설
- 현미경 관찰은 세포 주변에 세균, 곰팡이 등 오염 생물이 존재하는지 직접 확인 가능함
- PCR 검사는 미코플라스마와 같은 미세 오염원을 민감하게 검출할 수 있음
- 이외에도 배지 혼탁도 측정, Hoechst 염색, ELISA 기반 키트가 활용됨
- 오염 검출은 연구 실패와 제품 불량을 예방하는 핵심 절차임
- GMP 생산에서는 정기적 오염 검사와 기록·추적 관리가 의무화됨

56
세포 배양에서 배지 내 글루타민(Glutamine)의 역할을 설명하시오.

정답 세포 성장과 단백질 합성에 필요한 주요 질소원·에너지원으로 사용됨.

해설
- 글루타민은 아미노산 대사와 핵산 합성에 중요한 전구체임
- TCA 회로로 유입되어 에너지원으로도 활용됨
- 그러나 불안정하여 시간이 지나면 암모니아로 분해되어 세포 독성을 유발할 수 있음
- 따라서 장기 배양에서는 안정화된 글루타민 유도체(GlutaMAX 등)를 사용하기도 함
- GMP 생산에서는 배지 내 글루타민 농도를 정밀하게 관리해 품질 변동을 최소화함

57

세포 배양에서 피드배치(feed-batch) 배양의 목적을 설명하시오.

정답 영양분을 점진적으로 공급하여 세포 밀도와 생산성을 향상시키기 위함임.

해설
- 배치(batch) 배양은 한 번 투입된 배지를 모두 소모하면 성장이 멈춤
- 피드배치는 배양 중 영양소(포도당, 아미노산 등)를 지속적으로 보충함
- 이를 통해 배양기간이 연장되고, 고밀도 세포 배양이 가능해짐
- 항체·재조합 단백질 생산에서 가장 많이 활용되는 산업용 배양 방식임
- GMP 환경에서는 피드 조성·투입 속도를 표준화하여 재현성과 품질을 확보함

58

세포 배양 시 산소전달계수(KLa)가 중요한 이유를 설명하시오.

정답 세포 성장과 대사에 필요한 용존산소 공급 능력을 나타내는 지표이기 때문임.

해설
- KLa는 배양조에서 기체 산소가 액체로 전달되는 속도를 나타냄
- 세포 성장과 산물 생산은 용존산소 농도와 밀접하게 관련됨
- KLa가 낮으면 혐기 대사가 유도되어 젖산 축적·성장 저하가 발생함
- 교반 속도, 기포 크기, 산소분압 등이 KLa 값에 영향을 줌
- GMP 배양공정에서는 KLa를 공정개발 단계에서 측정·최적화해 생산성을 높임

59

세포 배양에서 사용하는 마스터 셀뱅크(MCB)의 목적을 설명하시오.

정답 안정적이고 동일한 세포주를 장기간 보관·공급하기 위함임.

해설
- MCB는 유전적으로 안정화된 세포주를 대량 확보해 −196℃ 액체질소에 장기 보존한 것임
- 연구·생산에 필요한 세포를 동일한 출처에서 분양하여 일관성을 유지함
- MCB에서 분양된 세포를 다시 워킹 셀뱅크(WCB)로 구축해 실제 생산에 사용함
- 세포주 변이, 오염 위험을 줄이고 규제기관 심사 시 품질 근거자료가 됨
- GMP 기준에서는 MCB·WCB 모두 정체성 시험, 무균시험, 안정성 시험을 거쳐야 함

60
동물세포 배양에서 배지 내 젖산(lactate) 축적이 문제가 되는 이유를 설명하시오.

정답 배지의 산성화를 유도해 세포 성장과 단백질 생산성을 저해하기 때문임.

해설
- 세포가 포도당을 과량 소비하면 해당과정에 의존해 젖산을 과잉 생성함
- 젖산 축적은 배지 pH를 낮추고, 세포 생존율 저하 · 산물 품질 저하로 이어짐
- 대사 조절(feed control) · 포도당 농도 최적화 · 대체 탄소원(갈락토스 등) 사용으로 개선 가능함
- 고밀도 배양에서는 젖산 관리가 생산성 향상에 핵심적 과제임
- GMP 공정에서는 배지 내 젖산 농도를 실시간 모니터링하여 품질을 관리함

61
세포 배양 시 암모니아(ammonia) 축적이 문제가 되는 이유를 설명하시오.

정답 세포 성장 억제와 단백질 생산성 저하를 일으키기 때문임.

해설
- 글루타민 분해, 아미노산 대사 과정에서 암모니아가 부산물로 발생함
- 암모니아는 세포 내 삼투압을 교란하고, pH 변화를 유발해 세포 생존율을 낮춤
- 또한 당단백질의 글리코실화 패턴을 변화시켜 단백질 품질에도 악영향을 줌
- 고밀도 배양에서는 암모니아 축적 관리가 생산성 유지의 핵심 과제임
- GMP 공정에서는 글루타민 대체물질 사용, 피드 전략 최적화로 암모니아 생성을 최소화함

62
동물세포 배양에서 사용하는 대표적 현탁배양용 세포주를 2가지 쓰시오.

정답 CHO 세포, HEK293 세포

해설
- CHO 세포 : 항체 · 재조합 단백질 생산에 가장 널리 쓰이는 산업 표준 세포주
- HEK293 세포 : 인간 배아신장 유래 세포, 바이러스 벡터 생산에 많이 활용됨
- 두 세포 모두 현탁 상태에서 잘 증식하여 대규모 배양에 적합함
- 현탁배양 세포주는 교반 배양기 · 바이오리액터에 적용 가능해 생산성이 높음
- GMP 생산에서는 세포주 특성 검증, 마스터셀뱅크(MCB) 구축을 통해 관리함

63

동물세포 배양에서 세포 밀도를 높이기 위한 일반적 방법을 2가지 이상 쓰시오.

정답 ① 피드배치(feed-batch) 배양, ② 고밀도 배양 시스템(Perfusion 등)

해설
- 피드배치 : 영양소를 지속적으로 공급해 배양기간 연장, 고밀도 달성
- Perfusion 배양 : 신선한 배지를 공급하면서 대사산물을 제거하여 세포 밀도 유지
- 마이크로캐리어(microcarrier) 이용 시 부착세포의 성장 면적을 확대할 수 있음
- 이러한 방법들은 항체, 백신 등 바이오의약품 대량 생산에 핵심적으로 적용됨
- GMP 공정에서는 산소 · pH 제어와 병행하여 최적 밀도를 유지함

64

세포 배양에서 사용되는 마이크로캐리어(microcarrier)의 목적을 설명하시오.

정답 부착성 세포의 배양 면적을 넓혀 고밀도 배양을 가능하게 하기 위함임.

해설
- 마이크로캐리어는 직경 수백 μm의 미세 구형 입자로, 세포가 표면에 부착하여 성장함
- 부착성 세포를 현탁 상태에서 교반 배양할 수 있도록 설계됨
- 단위 부피당 세포 성장 면적이 증가하여 생산성이 크게 향상됨
- 백신, 바이러스 벡터 생산 공정에서 널리 사용됨
- GMP에서는 마이크로캐리어 재질, 표면 코팅, 멸균 방법을 표준화해 일관성을 확보함

65

세포 배양에서 perfusion(관류) 배양법의 특징을 설명하시오.

정답 신선한 배지를 지속적으로 공급하고 노폐물을 제거하여 고밀도 · 장기 배양이 가능한 방식임

해설
- Perfusion 배양은 배지를 교체하는 동시에 세포는 유지시켜 장기간 배양이 가능함
- 대사산물(젖산, 암모니아) 축적이 억제되어 세포 상태가 안정적으로 유지됨
- 세포 밀도가 매우 높아져 생산성이 극대화됨
- 지속적 배양이므로 생산 공정이 연속화되어 효율적임
- GMP 산업공정에서는 항체 · 재조합 단백질 생산에 표준적으로 적용됨

66

세포 배양에서 사용되는 바이오리액터(Bioreactor)의 역할을 설명하시오.

정답 세포가 최적의 환경에서 성장하고 산물을 생산할 수 있도록 조건을 제어하는 장치임.

해설
- 바이오리액터는 대규모 세포 배양을 위한 핵심 장비로, 온도 · pH · 용존산소 · 교반 등을 제어함
- 세포 성장뿐 아니라 단백질, 항체, 백신 등 목적 산물의 안정적 생산을 지원함
- 일회용(single-use) 시스템과 스테인리스 시스템이 대표적임
- GMP 생산공정에서는 설비 검증과 공정 밸리데이션을 통해 일관성과 안전성을 확보함
- 연구 · 개발 단계부터 상업 생산까지 전주기에 걸쳐 사용됨

67

일회용 바이오리액터(single-use bioreactor)의 장점을 2가지 이상 쓰시오.

정답 ① 세척 · 멸균 공정이 불필요함, ② 교차오염 위험이 낮음.

해설
- 일회용 백을 사용하여 세포 배양을 수행하므로 CIP/SIP 과정이 필요 없음
- 공정 간 전환이 신속하여 생산 효율이 높아짐
- 교차오염 위험이 거의 없어 다품종 소량 생산에 적합함
- 초기 장비 비용이 낮고 설치가 간단함
- GMP 환경에서는 품질 일관성을 위해 백 재질 · 공급망 관리가 중요함

68

세포 배양에서 사용하는 센서(sensor)의 주요 기능을 3가지 쓰시오.

정답 ① pH 측정, ② 용존산소 측정, ③ 온도 측정

해설
- 배양 환경을 실시간 모니터링하기 위해 센서가 사용됨
- pH 센서는 세포 대사 및 완충계 상태를 확인함
- DO 센서는 산소 공급과 전달 효율을 평가함
- 온도 센서는 세포 대사 최적 조건을 유지하는 데 필수임
- 최근에는 글루코스, 젖산 센서 등 대사 모니터링용 센서도 상용화됨
- GMP에서는 센서 교정(Calibration) 기록이 품질 감사의 핵심 자료임

69

배양기에서 용존산소(DO) 농도를 제어하는 일반적인 방법을 2가지 이상 쓰시오.

정답 ① 교반 속도 조절, ② 기체 공급(산소 sparging)

해설
- 교반 속도를 높이면 액체와 기체의 접촉 면적이 증가해 산소 전달이 향상됨
- 공기 또는 산소를 직접 주입하여 DO 농도를 제어함
- 기포 발생 방식에 따라 산소전달 효율과 세포 전단응력 수준이 달라짐
- 필요 시 순수 산소를 공급해 고밀도 배양에서도 산소 요구량을 충족시킴
- GMP 공정에서는 KLa 값 기반으로 최적 DO 제어 조건을 설정함

70

세포 배양에서 스케일업(scale-up) 시 고려해야 할 주요 인자를 2가지 이상 쓰시오.

정답 ① 산소 전달(KLa), ② 교반 조건(전단응력)

해설
- 소규모 플라스크에서 대규모 바이오리액터로 배양 규모를 확대할 때 여러 인자가 변함
- 산소 전달 : 부피 증가 시 용존산소 공급이 부족해지므로 KLa 최적화가 필요함
- 교반 조건 : 전단응력이 세포 손상을 주지 않도록 임펠러 디자인·속도 조정이 필요함
- 영양분 농도, pH, 온도 제어도 일관되게 유지해야 함
- 스케일업은 생산성·품질 일관성을 확보하는 핵심 공정 개발 단계임
- GMP 환경에서는 파일럿 규모에서 상업 규모로 확장 시 밸리데이션을 필수로 거침

03 세척·멸균

01
세척 준비가 필요한 이유를 설명하시오.

정답 도구·기구의 오염을 제거하여 다음 사용 시 무균 상태와 품질을 확보하기 위함임.

해설
- 세척은 단순한 청소가 아니라, 기구 표면의 단백질·지질·미생물 잔여물을 제거하는 과정임
- 오염이 남아 있으면 배양·발효 과정에서 오염 사고로 이어질 수 있음
- 무균 상태 확보는 GMP 기준에서 제품 품질과 직결됨
- 세척 불량은 멸균 효과까지 저해하여 전체 공정 실패 위험을 높임
- 따라서 세척은 모든 멸균·배양 작업의 출발점이자 필수 전처리 단계임

02
세척 시 사용하는 세척제 선택 기준을 2가지 이상 쓰시오.

정답 ① 기구의 재질에 적합할 것, ② 제거 대상 오염물질에 효과적일 것

해설
- 금속, 유리, 플라스틱 등 기구 재질별로 부식·변형 위험이 달라 세척제 선택이 중요함
- 단백질 오염에는 알칼리성 세제, 지질 오염에는 계면활성제가 효과적임
- 세척제가 잔류하지 않고 쉽게 헹궈질 수 있어야 함
- GMP 기준에서는 승인된 세척제만 사용하며, 검증 시험을 통해 잔류 여부를 확인함
- 세척제 선택은 도구 수명, 작업 안전, 품질 보증까지 고려해야 함

03

고압증기멸균(Autoclave)의 기본 원리를 설명하시오.

정답 고온 · 고압의 포화증기를 이용하여 미생물을 사멸시키는 방법임.

해설
- 보통 121℃, 15분(1.1 atm) 조건에서 멸균 효과를 확보함
- 증기가 응축되면서 방출하는 잠열(latent heat)이 미생물 단백질을 변성시켜 사멸함
- 포자를 포함한 대부분의 세균 · 진균을 효과적으로 제거 가능함
- 액체, 고체 기구, 배지 멸균에 가장 보편적으로 사용되는 방법임
- GMP 기준에서는 Autoclave의 온도 · 압력 · 시간 기록을 검증해 멸균 유효성을 관리함

04

건열멸균(Dry heat sterilization)의 특징을 설명하시오.

정답 고온의 건조한 열을 사용하여 멸균하는 방법으로, 내열성 기구에 적합함.

해설
- 일반적으로 160 ~ 180℃에서 수 시간 동안 처리함
- 수분이 없어 단백질 변성보다는 산화 반응을 통해 미생물을 사멸시킴
- 유리기구, 금속기구, 내열성 기구 멸균에 적합함
- 포장재 · 플라스틱처럼 열에 약한 물질에는 적용 불가함
- GMP 생산에서는 유리병 · 주사용 앰플 멸균에 표준적으로 활용됨

05

여과멸균(Filter sterilization)의 장점을 2가지 이상 쓰시오.

정답 ① 열에 민감한 물질에 사용 가능함, ② 즉시 멸균 효과를 얻을 수 있음.

해설
- 필터 기공 크기(보통 0.22 μm)를 이용해 미생물을 물리적으로 제거함
- 단백질, 백신, 효소 등 열에 민감한 시료의 멸균에 적합함
- 액체나 기체 모두 적용 가능하며, 여과 후 즉시 사용할 수 있음
- 다만 바이러스 · 마이코플라스마 등 작은 입자는 완전 제거가 어려움
- GMP 공정에서는 무균 시험을 통해 여과멸균의 효과를 검증함

06

세척 후 멸균 전에 반드시 건조 과정을 거치는 이유를 설명하시오.

정답 잔류 수분이 멸균 효과를 방해하고 기구의 부식을 유발하기 때문임.

해설
- 세척 후 수분이 남아 있으면 멸균 시 증기 침투를 방해하여 멸균 불완전이 발생할 수 있음
- 잔류 수분은 기구 표면 부식을 촉진해 장비 수명을 단축시킴
- 건조를 통해 멸균 효과를 극대화하고 기구 보관 안정성을 높임
- GMP에서는 건조 후 무균 보관 상태까지 포함하여 관리함
- 따라서 세척–건조–멸균–보관의 전 과정이 표준화되어야 함

07

세척 공정의 유효성을 검증하는 방법을 2가지 이상 쓰시오.

정답 ① 잔류 단백질 시험, ② ATP 발광법(Luminometer 검사)

해설
- 잔류 단백질 시험 : 세척 후 단백질 잔여량을 화학적 시약으로 검출함
- ATP 발광법 : 오염물에 존재하는 ATP를 발광 반응으로 정량하여 청결도를 평가함
- 이외에도 내시경 검사, 미생물 배양 검사를 통해 세척 효과를 검증할 수 있음
- GMP에서는 세척 밸리데이션을 통해 세척 후 기구가 반복적으로 청결함을 입증해야 함
- 검증 데이터는 규제기관 심사 시 필수 자료로 제출됨

08

멸균 지표(Sterilization indicator)의 종류를 2가지 쓰시오.

정답 ① 화학적 지표, ② 생물학적 지표

해설
- 화학적 지표 : 멸균 조건(온도·시간·증기 도달 여부)을 색 변화 등으로 확인함
- 생물학적 지표 : 내열성 포자(Geobacillus stearothermophilus 등)를 이용하여 멸균 성공 여부를 판정함
- 화학적 지표는 즉시 확인이 가능하지만 멸균 효과 자체를 보장하지는 않음
- 생물학적 지표는 시간이 걸리지만 멸균 검증의 가장 신뢰성 높은 방법임
- GMP 생산에서는 두 가지 지표를 병행하여 멸균 유효성을 검증함

09

CIP(Cleaning In Place)의 개념을 설명하시오.

정답 설비를 분해하지 않고 고정된 상태에서 세척하는 방법임.

해설
- 배관, 발효조, 탱크 내부를 해체하지 않고 세척액을 순환시켜 세척함
- 자동화가 가능하여 인력과 시간을 절약할 수 있음
- 세척제·헹굼수를 프로그램화하여 재현성이 높음
- 외부 오염 위험을 줄이고 GMP 적합성을 높이는 장점이 있음
- 일반적으로 CIP 후 SIP(Sterilization in Place) 과정을 연계하여 무균 상태를 확보함

10

멸균 공정에서 D값(십진감소시간, Decimal reduction time)의 의미를 설명하시오.

정답 미생물 수가 1/10로 줄어드는 데 필요한 시간임.

해설
- 특정 온도에서 미생물 수를 90% 감소시키는 시간을 의미함
- 예 : D121 = 121℃에서 미생물이 1/10로 줄어드는 시간
- 멸균 공정 설계 시 멸균 시간을 결정하는 핵심 지표임
- Z값, F값과 함께 멸균 유효성 평가에 사용됨
- GMP 멸균 공정에서는 D값 측정·적용을 통해 멸균 검증을 수행함

11

멸균 공정에서 Z값의 의미를 설명하시오.

정답 D값이 1/10로 줄어드는 데 필요한 온도 변화임.

해설
- Z값은 열저항 곡선의 기울기를 나타내는 지표임
- 예 : Z값이 10℃라면, 온도를 10℃ 올리면 D값이 1/10로 줄어듦
- 멸균 공정 설계 시 온도-시간 조건을 최적화하는 기준이 됨
- D값, F값과 함께 멸균 유효성 평가에 사용됨
- GMP에서는 Z값 기반으로 멸균 사이클을 설정하고 밸리데이션을 수행함

12
멸균 공정에서 F값의 의미를 설명하시오.

정답 미생물 사멸 효과를 표준 조건(121℃) 시간으로 환산한 값임.

해설
- F값은 멸균 효과를 누적 시간으로 정량화한 개념임
- 예 : F0 = 121℃에서 등가 멸균 시간을 의미함
- 서로 다른 온도 · 시간 조건을 동일 기준으로 비교할 수 있음
- 멸균 공정 설계, 검증, 문서화에 핵심적으로 활용됨
- GMP 환경에서는 F값 기준으로 멸균 유효성을 수치화하여 규제기관에 보고함

13
UV 살균의 원리를 설명하시오.

정답 자외선(UV-C)이 미생물 DNA에 흡수되어 돌연변이와 사멸을 유도함.

해설
- 파장 254 nm 부근의 UV-C가 DNA 염기 사이에 이합체(thymine dimer)를 형성함
- DNA 복제가 방해받아 세포 증식이 억제되고 결국 사멸함
- 공기, 표면, 수돗물의 멸균에 많이 사용됨
- 그러나 투과력이 낮아 표면 처리에만 제한적으로 적용됨
- GMP에서는 무균실, 클린벤치 소독 보조수단으로 활용됨

14
멸균 필터의 기공 크기(공극 크기)는 일반적으로 얼마인가?

정답 0.22 μm

해설
- 0.22 μm 기공 크기는 세균을 물리적으로 차단하는 표준 규격임
- 0.45 μm 필터도 사용되지만 무균 보장에는 0.22 μm가 일반적임
- 마이코플라스마, 바이러스처럼 작은 입자는 통과할 수 있어 한계가 있음
- 따라서 멸균 보조수단으로 무균시험이 병행됨
- GMP 규격에서는 0.22 μm 필터 사용 시 밸리데이션과 무균성 시험이 필수임

15

세척 · 멸균 공정에서 교차오염(cross-contamination)을 방지하기 위한 방법 2가지를 쓰시오.

정답 ① 청결구역과 오염구역을 분리할 것, ② 기구 전용화 · 색상 구분 등 관리체계를 운영할 것

해설
- 교차오염은 서로 다른 시료, 제품, 미생물 간 오염이 전이되는 현상임
- 작업 구역을 청결 · 준청결 · 오염 구역으로 나누어 동선을 분리함
- 기구 · 소모품을 전용화하거나 색상으로 구분하여 혼용을 방지함
- 세척-멸균-보관 과정에서 라벨링 · 기록 관리가 반드시 필요함
- GMP 공정에서는 교차오염 방지 시스템이 규제기관 점검의 주요 평가 항목임

16

멸균 후 무균성을 유지하기 위한 일반적 보관 방법을 설명하시오.

정답 멸균 물품을 멸균 포장 상태로 밀봉하여 청정한 환경에서 보관함.

해설
- 멸균 후 외부 공기, 먼지, 미생물 접촉을 차단해야 함
- 멸균 백 · 멸균 파우치 등 특수 포장재를 사용함
- 보관 환경은 청결구역에서 관리되며, 온도 · 습도를 일정하게 유지함
- 멸균 포장의 파손 여부를 정기적으로 점검해야 함
- GMP 기준에서는 멸균 보관 기한과 조건이 문서화되어 관리됨

17

세척 공정에서 헹굼(Rinsing)의 목적을 설명하시오.

정답 세척제 잔류물과 오염물질을 완전히 제거하기 위함임.

해설
- 세척 후 세제 · 세척제 잔류물이 남으면 세포 배양과 멸균 효과를 방해함
- 잔류 화학물질은 세포 독성, 제품 불량의 원인이 될 수 있음
- 헹굼수는 일반적으로 멸균수(WFI: Water For Injection)를 사용함
- 헹굼 단계는 세척 밸리데이션의 핵심 관리 항목임
- GMP 환경에서는 헹굼 횟수, 사용수의 품질 기준까지 규정함

18
건열멸균과 습열멸균의 차이를 2가지 이상 쓰시오.

정답 ① 건열멸균은 산화 반응, 습열멸균은 단백질 변성 반응을 이용함.
② 건열멸균은 고온·장시간, 습열멸균은 저온·단시간 조건임.

해설
- 건열멸균 : 160~180℃, 수 시간 동안 열을 가해 멸균. 주로 유리기구, 금속 기구에 사용됨
- 습열멸균 : 121℃, 15분 조건에서 포화증기를 이용. 배지·액체·플라스틱 일부에도 적용됨
- 습열멸균은 열전달 효율이 높아 멸균 효과가 빠르고 강력함
- 건열멸균은 내열성 물질에만 적용되며, 플라스틱·고무에는 부적합함
- GMP 현장에서는 멸균 대상 특성에 따라 두 방법을 구분하여 사용함

19
무균조작(Aseptic technique)의 기본 원칙을 2가지 쓰시오.

정답 ① 무균 작업대 내에서 조작할 것, ② 멸균 도구만 사용할 것

해설
- 무균조작은 세포 배양·시료 처리 시 외부 오염을 방지하는 핵심 기술임
- 작업자는 반드시 멸균된 장비·소모품을 사용해야 함
- 공기 흐름을 방해하지 않도록 작업 동선을 최소화해야 함
- 손·피펫·시료가 교차오염되지 않도록 조심해야 함
- GMP 환경에서는 교육·훈련과 모의 시험으로 무균조작 능력을 검증함

20
세척기(Cleaner) 사용의 장점을 2가지 이상 쓰시오.

정답 ① 세척의 재현성과 효율성이 높음, ② 작업자의 오염·부담을 줄일 수 있음.

해설
- 세척기는 자동화된 방식으로 세제 주입, 세척, 헹굼, 건조를 수행함
- 작업자 간 차이를 줄여 세척 품질을 일정하게 유지함
- 대량 기구를 단시간에 세척할 수 있어 생산성 향상에 기여함
- 작업자가 직접 세척하지 않아 교차오염·부상 위험을 줄임
- GMP에서는 자동세척기 세척 사이클과 성능 검증이 필수적으로 요구됨

21
멸균 공정에서 공기 제거(air removal)가 필요한 이유를 설명하시오.

정답 공기가 있으면 증기 침투가 방해되어 멸균 효과가 저하되기 때문임.

해설
- 멸균기는 포화증기의 응축열을 이용해 멸균 효과를 발휘함
- 챔버 내에 공기가 남아 있으면 열전달이 불균일하여 멸균 불완전이 발생함
- 중력치환법, 진공펄스법 등을 통해 공기를 제거해야 함
- 특히 다공성 물질이나 밀폐 용기는 철저한 공기 제거가 필수임
- GMP 멸균 공정에서는 공기 제거 성능을 주기적으로 점검하고 기록함

22
무균조작 시 작업자의 개인보호구(PPE)에 포함되는 기본 항목을 3가지 쓰시오.

정답 멸균 가운, 멸균 장갑, 마스크(또는 헤드커버)

해설
- 작업자의 피부, 호흡기를 통한 오염원을 차단하기 위해 PPE를 착용함
- 멸균 가운은 의복의 먼지·미생물이 작업대로 유입되는 것을 막음
- 멸균 장갑은 손의 접촉 오염을 방지함
- 마스크·헤드커버는 호흡기·머리카락을 통한 미생물 전파를 줄임
- GMP 무균실에서는 전신보호복, 멸균 신발까지 포함된 Level별 보호구 착용을 규정함

23
멸균 공정 밸리데이션(validation)의 목적을 설명하시오.

정답 멸균 공정이 일관되게 무균성을 확보함을 입증하기 위함임.

해설
- 밸리데이션은 공정이 규격에 맞게 작동하고 재현성을 갖추었는지 검증하는 절차임
- 멸균 밸리데이션은 미생물 사멸 효과와 멸균 지표 검증을 통해 수행됨
- 공정변수(온도, 압력, 시간 등)의 일관성을 반복 시험으로 확인함
- GMP에서 규제기관 심사 시 반드시 제출해야 하는 핵심 자료임
- 밸리데이션은 최초 공정 확립, 주기적 재검증(revalidation)으로 운영됨

24
오토클레이브 멸균 시 과충전(overloading)이 문제가 되는 이유를 설명하시오.

정답 증기 순환이 원활하지 않아 멸균 불완전이 발생하기 때문임.

해설
- 챔버 내 물품을 과도하게 적재하면 증기가 내부까지 침투하지 못함
- 결과적으로 멸균 사각지대가 발생하여 일부 기구는 멸균이 되지 않음
- 멸균 효과가 불균일하면 GMP 기준을 충족할 수 없음
- 따라서 적재 시 공기흐름·증기순환을 고려하여 간격을 확보해야 함
- GMP에서는 적재 방법을 SOP로 규정하고 정기적 검증을 실시함

25
세포 배양 시설에서 멸균 공기를 공급하는 장치를 무엇이라 하는가?

정답 HEPA 필터 시스템

해설
- HEPA(High Efficiency Particulate Air) 필터는 ≥0.3 μm 입자를 99.97% 이상 제거함
- 무균실, 클린벤치, 배양기 등에 장착되어 청정 공기를 공급함
- 미생물·먼지 등 입자성 오염원을 효과적으로 차단함
- GMP 무균 구역(Class 100, ISO 5 등급) 유지에 필수적 장치임
- 필터는 주기적으로 교체·점검하며 성능 검증 기록을 보관해야 함

26
멸균 공정에서 포자(Spore)가 지표로 사용되는 이유를 설명하시오.

정답 포자가 일반 세균보다 열·화학약품에 강해 멸균 검증의 기준이 되기 때문임.

해설
- 포자는 극한 조건에서도 생존 가능한 구조를 가지고 있음
- 따라서 포자가 사멸되면 일반 미생물은 이미 모두 사멸된 것으로 간주 가능함
- 멸균 검증에는 Geobacillus stearothermophilus, Bacillus subtilis 포자가 대표적으로 사용됨
- 포자 생물학적 지표는 멸균 공정 유효성을 입증하는 가장 신뢰성 높은 방법임
- GMP 환경에서는 포자 스트립, 앰플을 멸균 공정 내에 배치하여 확인함

27
증기멸균에서 진공펄스법(Pre-vacuum method)의 장점을 설명하시오.

정답 챔버 내 공기를 효과적으로 제거하여 멸균 균일성을 확보할 수 있음.

해설
- 진공펄스법은 멸균 전 챔버 내부 공기를 여러 차례 진공·증기 주입으로 치환하는 방식임
- 공기가 남지 않아 증기가 구석구석 침투할 수 있음
- 멸균 시간이 단축되고 멸균 신뢰성이 높음
- 대용량 멸균, 다공성 물질 멸균에 적합함
- GMP 멸균기에서는 중력치환법보다 진공펄스법이 표준적으로 적용됨

28
세척·멸균 공정에서 발생할 수 있는 대표적 오염원을 2가지 이상 쓰시오.

정답 ① 세균·곰팡이, ② 세제 잔류물

해설
- 세균·곰팡이는 작업 환경이나 작업자에 의해 유입될 수 있음
- 세척제가 충분히 제거되지 않으면 잔류 세제가 세포 독성을 유발할 수 있음
- 금속 이온, 먼지, 기계 오염물도 품질 문제의 원인이 됨
- GMP 환경에서는 오염원을 사전 차단하기 위해 구역 분리, HEPA 필터, 모니터링을 시행함
- 공정 밸리데이션 시 오염원 분석과 관리 방안이 반드시 포함됨

29
세척·멸균 공정에서 사용되는 주사용수(WFI: Water For Injection)의 특징을 설명하시오.

정답 초순수 수준의 멸균수로, 주사제 제조·세척·멸균에 사용되는 물임.

해설
- WFI는 미생물, 엔도톡신이 허용 기준 이하로 관리되는 고순도 물임
- 주사용 의약품 제조, 기구 세척, 멸균 후 헹굼에 사용됨
- 정제수, RO수보다 엄격한 품질 기준이 적용됨
- 생산 후 보관·순환 중에도 미생물 오염 방지를 위해 80°C 이상 순환 시스템을 유지함
- GMP 규격에서는 WFI 수질 시험(전도도, TOC, 엔도톡신)을 정기적으로 실시함

30

세척 · 멸균 과정에서 사용되는 EO 멸균(Ethylene oxide sterilization)의 특징을 설명하시오.

정답 저온에서 멸균 가능하며, 열 · 수분에 민감한 재료에 적합함.

해설
- EO 가스는 세포 내 단백질 · DNA와 알킬화 반응을 일으켜 미생물을 사멸시킴
- 40 ~ 60℃ 저온 조건에서 멸균할 수 있어 플라스틱, 고무, 전자부품에 적합함
- 침투력이 뛰어나 복잡한 구조의 기구도 멸균 가능함
- 다만, EO 잔류가 인체에 독성이 있어 충분한 환기 · 제거 과정이 필요함
- GMP 환경에서는 EO 멸균 후 잔류량 시험과 환기 조건을 반드시 검증함

31

세척 공정에서 사용되는 알칼리성 세제의 주요 기능을 설명하시오.

정답 단백질 · 지질 오염을 분해하여 기구 표면을 청결하게 함.

해설
- 알칼리성 세제는 단백질 변성, 지방 비누화를 통해 오염을 제거함
- 유리기구, 금속기구에 효과적이며, 세포 배양 잔여물 제거에 널리 사용됨
- 강한 알칼리는 재질 부식 위험이 있어 농도와 시간 관리가 필요함
- 헹굼을 철저히 하지 않으면 잔류 세제가 세포 독성을 유발할 수 있음
- GMP 현장에서는 세제 농도, 접촉 시간, 헹굼 횟수를 SOP로 규정함

32

멸균 공정에서 포화증기를 사용하는 이유를 설명하시오.

정답 열 전달 효율이 높아 짧은 시간에 효과적인 멸균이 가능하기 때문임.

해설
- 포화증기는 액체와 기체가 평형을 이루는 상태로, 응축 시 많은 잠열을 방출함
- 이 열에너지가 미생물 단백질 변성을 유도하여 사멸 효과가 크다
- 건열에 비해 짧은 시간, 낮은 온도에서도 멸균 가능함
- 멸균 불완전 위험이 적고, 균일한 멸균 효과를 확보할 수 있음
- GMP 환경에서는 멸균 챔버 내 포화증기 도달 여부를 화학 · 생물학 지표로 검증함

33

세척 · 멸균 공정에서 사용하는 CIP와 SIP의 차이를 설명하시오.

정답 CIP는 세척, SIP는 멸균을 설비 내에서 수행하는 방법임.

해설
- CIP(Cleaning In Place): 배관 · 발효조를 분해하지 않고 세척액을 순환시켜 세척하는 방법
- SIP(Sterilization In Place): 세척 후 증기를 주입하여 설비 내부를 멸균하는 방법
- 두 공정은 연계되어 적용되어야 무균 상태 유지가 가능함
- CIP/SIP 자동화로 작업 효율성과 재현성이 높아짐
- GMP 기준에서는 CIP · SIP 밸리데이션이 설비 승인에 필수임

34

멸균 공정에서 사용되는 생물학적 지표의 예를 1가지 쓰시오.

정답 Geobacillus stearothermophilus 포자

해설
- Geobacillus stearothermophilus는 습열멸균에 강한 포자를 형성함
- 이 포자가 사멸되면 멸균 조건이 충분히 충족된 것으로 판정함
- 생물학적 지표는 멸균 공정 유효성을 입증하는 가장 신뢰성 높은 방법임
- 건열멸균에는 Bacillus subtilis 포자가 활용됨
- GMP 멸균 밸리데이션에서는 생물학적 지표를 반드시 사용해 효과를 검증함

35

멸균 공정에서 사용되는 화학적 지표의 원리를 설명하시오.

정답 멸균 조건 도달 시 색 변화 등 화학 반응으로 멸균 여부를 확인함.

해설
- 멸균 테이프, 지시 라벨 등은 일정 온도 · 시간 · 증기 조건에서 색이 변함
- 화학 반응을 이용하여 멸균기가 정상적으로 작동했는지 즉시 확인할 수 있음
- 다만, 미생물 사멸 여부를 직접 보장하지는 않음
- 따라서 생물학적 지표와 함께 사용하는 것이 원칙임
- GMP 공정에서는 화학적 지표를 보조 지표로 사용하여 멸균 기록을 관리함

36
세척·멸균 공정에서 사용되는 초음파 세척의 원리를 설명하시오.

정답 액체 내 초음파로 발생한 공동현상(cavitation)으로 오염을 제거함.

해설
- 초음파가 액체 속에서 미세 기포를 형성하고 붕괴하면서 강한 세정력이 발생함
- 기구 표면의 단백질, 지질, 미세 오염을 효과적으로 제거함
- 복잡한 구조, 틈새가 많은 기구 세척에 적합함
- 단, 장시간 노출 시 기구 손상이 일어날 수 있음
- GMP 환경에서는 초음파 세척 후 헹굼·멸균 단계와 연계하여 청정도를 확보함

37
세척 공정에서 사용되는 효소세제(Enzymatic cleaner)의 특징을 설명하시오.

정답 단백질, 지질 등 유기물을 분해하여 저온에서도 효과적인 세척이 가능함.

해설
- 단백질 분해효소, 지질 분해효소, 탄수화물 분해효소 등이 포함됨
- 낮은 온도에서도 활성화되어 열에 민감한 기구 세척에 적합함
- 일반 세제보다 잔류물이 적어 세포 배양 실험에 유리함
- 다만 효소 자체가 불안정하므로 보관·사용 조건이 엄격히 관리되어야 함
- GMP에서는 효소세제 사용 시 검증 시험으로 잔류 여부를 확인함

38
멸균 공정에서 파이로겐(Pyrogen) 제거가 중요한 이유를 설명하시오.

정답 파이로겐이 체내에 들어가면 발열 반응 등 부작용을 일으키기 때문임.

해설
- 파이로겐은 주로 그람음성균 세포벽에서 유래한 엔도톡신임
- 멸균으로 미생물은 사멸하더라도 엔도톡신은 잔류할 수 있음
- 주사제, 세포치료제 등 무균 제품에서 엔도톡신 기준치를 엄격히 관리해야 함
- 제거 방법으로는 초순수(WFI) 세척, 고온 건열멸균(250℃, 30분 이상) 등이 사용됨
- GMP 규정에서는 엔도톡신 시험(LAL test)을 통해 안전성을 보증함

39
무균조작 교육이 필요한 이유를 설명하시오.

정답 작업자의 숙련도가 무균성 유지와 제품 품질에 직접 영향을 주기 때문임.

해설
- 무균조작은 세포 배양, 의약품 제조에서 오염을 방지하는 핵심 기술임
- 숙련도가 낮으면 손동작, 도구 사용, 공기 흐름 방해 등으로 오염 사고가 발생함
- 정기적인 교육·모의 시험을 통해 작업자의 기술을 평가·보완해야 함
- 교육 내용에는 손 위생, 장비 사용법, 무균 구역 내 행동 수칙이 포함됨
- GMP 환경에서는 무균조작 적격성 시험(Media fill test)까지 수행해야 함

40
세척·멸균 공정에서 발생할 수 있는 대표적 문제점 2가지를 쓰시오.

정답 ① 멸균 불완전, ② 세제·잔류물 오염

해설
- 멸균 불완전은 공기 제거 미흡, 과적재, 시간·온도 부족 등으로 발생함
- 세척제가 충분히 제거되지 않으면 독성 잔류물이 남아 세포·제품에 영향을 줌
- 이외에도 교차오염, 파이로겐 잔류, 장비 성능 저하 등이 문제로 나타남
- 문제 발생 시 원인 규명과 CAPA(시정·예방조치)가 필요함
- GMP 공정에서는 정기적 점검·밸리데이션으로 문제 발생 가능성을 최소화함

41
세척·멸균 공정에서 '멸균 실패(Sterilization failure)'의 원인 2가지를 쓰시오.

정답 ① 멸균 조건 미달(온도·시간 부족), ② 멸균기 과적재

해설
- 멸균 온도, 압력, 시간이 충분하지 않으면 미생물이 완전히 사멸되지 않음
- 챔버에 과도하게 적재하면 증기·열이 내부까지 침투하지 못해 멸균 불완전 발생
- 장비 고장, 센서 불량, 포장 파손도 주요 원인임
- 멸균 실패는 무균 공정 전체를 무효화시킬 수 있는 심각한 문제임
- GMP 환경에서는 주기적 모니터링, 지표 검사, 예방정비로 위험을 최소화함

42
세척 후 기구 표면에 물 얼룩(water stain)이 생기는 원인을 설명하시오.

정답 헹굼수의 불순물이나 미네랄 성분이 잔류하기 때문임.

해설
- 일반 수돗물에는 칼슘, 마그네슘 등 무기질이 포함되어 있어 건조 시 얼룩이 남음
- 이 얼룩은 세포 배양·멸균 효과에 영향을 줄 수 있음
- 주사용수(WFI)나 초순수를 사용하면 물 얼룩 발생을 방지할 수 있음
- 또한 헹굼 과정 부족, 건조 불충분도 원인이 됨
- GMP 환경에서는 헹굼수 품질 기준과 사용수 관리 기록을 엄격히 규정함

43
EO 멸균의 단점 2가지를 쓰시오.

정답 ① EO 가스의 독성, ② 긴 환기 시간 필요

해설
- EO는 인체에 발암성·독성이 있어 작업자와 제품 모두에 위험이 있음
- 멸균 후 EO 잔류가 남으면 환자에게 부작용을 일으킬 수 있음
- 따라서 멸균 후 충분한 환기·제거 과정이 필요하며, 시간이 오래 걸림
- EO 가스 취급에는 별도의 안전시설과 배기 장치가 필요함
- GMP 환경에서는 EO 잔류량 시험과 안전 규정 준수가 필수임

44
세척 공정에서 '이중 세척(Double cleaning)'을 수행하는 이유를 설명하시오.

정답 잔류 오염물과 세제를 완벽히 제거하기 위함임.

해설
- 1차 세척으로 큰 오염물질을 제거하고, 2차 세척으로 미세 잔여물까지 제거함
- 특히 단백질·지질 성분은 한번 세척으로 완전 제거가 어려움
- 이중 세척은 무균 상태와 품질을 보증하는 중요한 절차임
- 고위험 기구나 민감한 배양 기구에서 필수적으로 적용됨
- GMP 공정에서는 세척 밸리데이션으로 이중 세척 효과를 입증함

45

멸균 공정에서 포장재 선택 시 고려해야 할 2가지 기준을 쓰시오.

정답 ① 멸균 조건(열·증기·가스)에 견딜 수 있을 것, ② 무균 상태를 유지할 수 있을 것

해설
- 포장재는 멸균 과정에서 변형·파손되지 않아야 함
- 멸균 후 외부 오염을 차단하고, 보관 중에도 무균성이 유지되어야 함
- 증기 멸균에는 멸균 파우치, 가스 멸균에는 특수 가스 투과성 재질을 사용함
- 포장재는 개봉 시 멸균 기구를 손상시키지 않아야 함
- GMP 환경에서는 포장재의 적합성 시험과 밸리데이션이 필수임

46

멸균 공정에서 사용되는 '엔도톡신 시험(LAL test)'의 목적을 설명하시오.

정답 시료 내 엔도톡신(파이로겐) 존재 여부를 확인하기 위함임.

해설
- LAL(Limulus Amebocyte Lysate) 시험은 말굽게(crab) 혈세포 성분을 이용하여 엔도톡신을 검출함
- 엔도톡신은 미량으로도 인체에 발열·쇼크를 유발하는 위험 물질임
- 주사제, 세포치료제, 의료기기 등은 반드시 엔도톡신 기준치를 충족해야 함
- 시험법에는 겔화법, 비탁법, 색도법이 있음
- GMP 환경에서는 LAL 시험이 배치별 품질 시험으로 의무적으로 적용됨

47

멸균 공정에서 과포화증기(superheated steam)를 사용하지 않는 이유는 무엇인가?

정답 열 전달 효율이 낮아 멸균 효과가 떨어지기 때문임.

해설
- 과포화증기는 건조한 상태로 응축이 어려움
- 증기 멸균은 증기가 응축되며 방출하는 잠열로 멸균 효과를 얻음
- 과포화증기는 표면만 가열하고 미생물 단백질 변성을 유도하기 어렵다
- 따라서 멸균에는 반드시 포화증기를 사용해야 함
- GMP에서는 멸균기 내 증기 조건을 모니터링하여 과포화 상태를 방지함

48

세척 공정에서 기구를 즉시 세척해야 하는 이유를 설명하시오.

정답 잔류 오염이 굳어 제거가 어려워지고, 미생물 증식 위험이 커지기 때문임.

해설
- 사용 직후의 오염은 수분이 많아 세척이 용이함
- 시간이 지나면 단백질 · 지질이 건조되어 기구 표면에 고착됨
- 오염이 고착되면 세제 효과가 떨어지고 세척 불완전이 발생함
- 또한 남은 잔여물에서 미생물이 증식할 수 있음
- GMP 기준에서는 "사용 직후 세척" 원칙을 SOP에 규정함

49

멸균 공정에서 화학멸균(예 : 과산화수소, 포름알데히드)의 장점을 설명하시오.

정답 저온에서 멸균 가능하고, 복잡한 구조에도 적용할 수 있음.

해설
- 화학멸균은 열에 민감한 재료(플라스틱, 전자부품)에 적합함
- 기체 확산력이 높아 틈새, 복잡한 기구 구조까지 멸균 가능함
- 과산화수소 증기 멸균은 EO보다 잔류 독성이 낮아 안전성이 높음
- 다만 화학물질 취급 안전 관리가 필수임
- GMP 현장에서는 화학멸균 후 잔류 시험을 통해 안전성을 검증함

50

세척 · 멸균 공정에서 문서화(Document control)가 필요한 이유를 설명하시오.

정답 공정 이력 추적과 품질 보증, 규제기관 대응을 위함임.

해설
- 세척 · 멸균 절차, 조건, 결과는 모두 기록으로 남겨야 함
- 문서화된 기록은 오염 · 불량 발생 시 원인 추적의 근거가 됨
- 규제기관 심사 시 필수로 제출해야 하는 핵심 자료임
- SOP, 밸리데이션 기록, 작업 일지 등이 포함됨
- GMP에서는 문서 관리 체계가 품질시스템(QMS)의 핵심 요소임

51
멸균기 관리 시 멸균 전에 점검해야 할 사항 4가지를 쓰시오.

정답 ① 물 공급 상태, ② 압력밸브·계기 이상 여부, ③ 전원 상태, ④ 챔버 내부 청결 상태

해설
- 멸균 전 급수 상태는 증기 발생에 직접 영향을 줌
- 압력밸브와 온도·압력계는 멸균 조건의 정확성을 보장하는 핵심 요소임
- 전원 상태가 불안정하면 멸균 사이클 중단·실패가 발생할 수 있음
- 챔버 내부 오염·이물은 멸균 효과를 저하시킴
- GMP에서는 멸균기 가동 전 점검 항목을 체크리스트로 관리함

52
멸균에 영향을 주는 습열 멸균의 주요 인자 3가지를 쓰시오.

정답 ① 온도, ② 압력, ③ 시간

해설
- 습열 멸균은 고온·고압 증기의 응축열로 미생물을 사멸시킴
- 멸균 온도와 시간은 미생물 사멸 곡선과 직결됨
- 압력은 증기 온도 상승과 침투력 향상에 기여함
- 이 세 가지 변수의 조합이 멸균 유효성 확보의 핵심임
- GMP에서는 이 세 인자의 자동 기록과 밸리데이션이 필수임

53
무기 질소원의 예시를 2가지 쓰시오.

정답 질산염(NO_3^-), 암모늄염(NH_4^+)

해설
- 무기 질소원은 미생물 배양에서 단백질·핵산 합성에 필요한 질소를 공급함
- 질산염은 일부 미생물에서 환원 과정을 거쳐 아미노산 합성에 이용됨
- 암모늄염은 흡수가 빠르지만 과량 시 pH 변화를 유발할 수 있음
- 유기 질소원(펩톤, 효모추출물)과 병용하여 균형 있는 성장을 도모함
- GMP 공정에서는 질소원 종류·농도를 표준화해 생산 품질을 확보함

54
미생물 단일배양 시 오염 여부를 확인하는 방법 2가지를 쓰시오.

정답 ① 현미경 관찰, ② 평판배양(agar plate streaking)

해설
- 현미경으로 세포 형태를 관찰하여 혼재된 미생물이 있는지 확인함
- 평판배양을 통해 단일 콜로니 형성 여부를 확인함
- 액체 배양 시 혼탁도·냄새 변화 등도 보조적 지표가 됨
- PCR, 염색법 등 정밀 분석으로 오염 여부를 확인할 수도 있음
- GMP 환경에서는 정기적 무균시험으로 단일배양 상태를 검증함

55
UV 멸균법의 특징과 한계를 설명하시오.

정답 DNA 손상을 유도해 미생물을 사멸시키지만, 투과력이 낮아 표면 멸균에만 한정됨.

해설
- UV-C(254 nm)는 DNA에 티민 다이머(thymine dimer)를 형성해 복제·증식을 억제함
- 공기·표면 멸균에 효과적이고, 화학적 잔류물이 남지 않음
- 그러나 투과력이 낮아 불투명·다공성 물질 내부까지 도달하지 못함
- 장시간 노출 시 장비·재질 변색, 손상 위험이 있음
- GMP 시설에서는 표면 소독 보조수단으로 사용되며, 주 멸균법을 대체하지는 않음

56
미생물 배양 시 사용하는 유틸리티 용수의 종류 3가지를 구분하여 설명하시오.

정답 ① 상수도수, ② 정제수, ③ 주사용수(WFI)

해설
- 상수도수 : 일반 용수로 초기 세척, 보일러 급수 등에 사용됨
- 정제수(Purified water) : RO, 이온교환 등으로 불순물을 제거한 물, 기구 세척·배지 제조에 사용됨
- 주사용수(Water For Injection, WFI) : 초순수 수준의 멸균수로, 주사제·세포 배양·세척의 최종 단계에 사용됨
- 용도의 특성에 맞는 등급을 사용해야 오염·불량을 방지할 수 있음
- GMP에서는 각 용수의 수질 기준(TOC, 전도도, 엔도톡신)을 엄격히 관리함

57

Clean bench 사용 절차를 올바른 순서대로 나열하시오.

정답 ① 전원·UV 점등 → ② 멸균 소독 → ③ 무균 작업 수행 → ④ 사용 후 청소·UV 멸균

해설
- 작업 전 일정 시간 UV 조사로 작업대를 소독함
- 70% 알코올 등으로 작업 면을 닦아 청정도를 확보함
- 무균 작업 중에는 공기 흐름을 방해하지 않도록 동선을 최소화함
- 사용 후 다시 알코올 소독·UV 멸균으로 마무리함
- GMP 무균실에서는 Clean bench 사용 절차를 SOP로 문서화하여 준수함

58

배양기 멸균 전 점검해야 하는 설비관리 목적을 2가지 쓰시오.

정답 ① 멸균 조건 충족 여부 확인, ② 작업자 안전 확보

해설
- 멸균 전에 배양기의 전원, 배관, 압력밸브, 급수 상태를 점검해야 함
- 설비가 정상 작동해야 멸균 온도·압력이 정확히 유지됨
- 점검은 멸균 효과뿐 아니라 작업자 안전사고 예방에도 필수임
- 정기적 설비 점검은 GMP 기준의 핵심 관리 항목임
- 기록 관리로 추후 문제 발생 시 원인 추적이 가능함

59

멸균 과정에서 사용하는 화학적 멸균 가스의 예시를 2가지 쓰시오.

정답 에틸렌옥사이드(EO), 과산화수소 증기(VHP)

해설
- 에틸렌옥사이드(EO): 저온에서 멸균 가능, 침투력이 우수해 복잡한 기구에 사용됨. 단, 독성과 잔류 위험이 있음
- 과산화수소 증기(VHP): EO보다 안전성이 높고, 잔류 독성이 적음. 클린룸, 장비 표면 멸균에 활용됨
- 포름알데히드 가스도 과거 사용되었으나 독성 문제로 제한됨
- GMP 환경에서는 가스 멸균 후 잔류 시험을 필수적으로 수행함

60

일상점검의 정의와 실시 목적을 설명하시오.

정답 정상 가동 여부를 확인하기 위해 설비를 주기적으로 점검하는 활동임.

해설
- 일상점검은 장비의 성능과 안전성을 확인하기 위해 정기적으로 수행됨
- 전원, 배관, 밸브, 계기 등 주요 부품의 상태를 점검함
- 이상 발견 시 즉시 보수 · 교체로 사고와 공정 실패를 예방함
- 일상점검 기록은 GMP 품질 보증의 필수 근거 자료임
- 이를 통해 생산 안정성과 설비 수명을 동시에 확보할 수 있음

61

무균 조작 시 반드시 지켜야 할 기본 수칙 2가지를 쓰시오.

정답 ① 멸균된 도구만 사용할 것, ② 작업대 내 공기 흐름을 방해하지 않을 것

해설
- 무균 조작은 외부 오염을 차단하는 핵심 기술임
- 멸균 도구 · 소모품만 사용하여 미생물 유입을 원천 차단함
- 작업자는 Clean bench의 공기 흐름을 가리지 않도록 동선을 최소화해야 함
- 불필요한 대화 · 움직임도 오염 위험을 증가시킴
- GMP 환경에서는 무균 조작 교육과 적격성 시험(Media fill test)이 필수임

62

멸균 필터로 제거되지 않는 대표적 미생물을 1가지 쓰시오.

정답 미코플라스마(Mycoplasma)

해설
- 미코플라스마는 세포벽이 없어 0.22 μm 필터도 통과할 수 있음
- 필터 멸균만으로는 완전 제거가 어렵고, 별도의 PCR 검사 등으로 확인해야 함
- 미코플라스마 오염은 세포 대사 · 단백질 발현에 치명적 영향을 줌
- GMP 환경에서는 필터 멸균과 함께 무균 시험, 정기적 모니터링을 병행함
- 따라서 필터 멸균은 보조 수단으로 활용되고, 무균 공정 관리가 병행되어야 함

63

Autoclave 멸균 후 생물학적 지표 검증을 하는 이유를 설명하시오.

정답 실제 미생물이 사멸되었는지 확인하기 위함임.

해설
- 화학적 지표는 멸균 조건 도달 여부만 확인할 수 있음
- 생물학적 지표는 내열성 포자를 이용하여 실제 멸균 효과를 입증함
- 가장 신뢰성 높은 멸균 검증 방법으로 인정받음
- GMP에서는 생물학적 지표 검증을 통해 멸균 공정 밸리데이션을 수행함
- 이를 통해 제품 안전성과 규제 준수성을 확보할 수 있음

64

멸균 과정에서 '프리필터(Pre-filter)'를 사용하는 목적은 무엇인가?

정답 HEPA 필터의 수명을 연장하고 큰 입자를 사전에 제거하기 위함임.

해설
- 프리필터는 큰 먼지·입자를 먼저 걸러 HEPA 필터로의 부하를 줄임
- HEPA 필터는 미세입자 제거에 특화되어 있으므로 보호가 필요함
- 프리필터 교체 주기는 짧으며, 관리 비용 절감 효과가 있음
- GMP 무균실에서는 프리필터·HEPA 필터의 단계적 관리로 청정도를 유지함
- 공기질 모니터링 결과에 따라 교체·점검 주기를 조정함

65

멸균 공정에서 기록 관리가 중요한 이유를 설명하시오.

정답 공정 추적성과 품질 보증, 규제기관 심사 대응을 위함임.

해설
- 멸균 조건(온도, 압력, 시간)과 점검 항목은 모두 문서화해야 함
- 기록은 문제 발생 시 원인 추적과 재발 방지 근거가 됨
- 규제기관 심사에서 멸균 공정 적합성을 입증하는 핵심 자료임
- 전자기록(ERP, MES 등) 시스템으로 관리하는 경우도 많음
- GMP에서는 기록 위·변조 방지와 장기 보관까지 요구됨

66

세척·멸균 공정에서 '검증 밸리데이션(Validation)'이 필요한 이유를 설명하시오.

정답 공정이 일관되게 무균 상태를 확보함을 입증하기 위함임.

해설
- 밸리데이션은 세척·멸균 조건이 반복 적용 시에도 효과적임을 검증하는 절차임
- 장비, 공정, 작업자 변수가 있더라도 무균성이 유지됨을 확인해야 함
- 미생물 지표, 화학 지표 시험으로 유효성을 입증함
- 규제기관 심사에서 GMP 적합성의 핵심 평가 항목임
- 최초 확립뿐 아니라 주기적 재검증(revalidation)도 요구됨

67

멸균 공정에서 'Cycle development(사이클 개발)'의 목적을 설명하시오.

정답 제품·기구 특성에 맞는 최적 멸균 조건을 설정하기 위함임.

해설
- 모든 제품이 동일 조건에서 멸균될 수는 없으므로, 특성에 맞는 조건을 개발해야 함
- 온도, 압력, 시간, 포장 방식 등을 변수로 하여 시험함
- 멸균 불완전, 재질 손상을 최소화하는 조건을 도출함
- Cycle development 결과는 밸리데이션의 기초 자료가 됨
- GMP 환경에서는 새로운 제품·설비 도입 시 반드시 수행됨

68

세척·멸균 공정에서 작업자 교육훈련이 중요한 이유를 설명하시오.

정답 작업자의 숙련도가 공정 성공 여부와 무균성 유지에 직접적 영향을 주기 때문임.

해설
- 세척·멸균은 자동화 장비에 의존하지만, 작업자의 조작·관리 역량이 핵심임
- 절차 미준수, 부주의는 멸균 불완전·교차오염을 유발할 수 있음
- 교육훈련은 SOP 준수, 무균조작, 기록 관리 등을 포함해야 함
- GMP 기준에서는 작업자 교육 이수 및 적격성 평가 기록을 반드시 보관해야 함
- 정기적인 재교육을 통해 기술 유지·보완이 필요함

69
멸균 공정에서 교차오염 방지를 위한 설계적 방법을 2가지 쓰시오.

정답 ① 청정구역과 오염구역 분리, ② 단방향 공기 흐름 유지

해설
- 교차오염은 서로 다른 시료·제품 간 오염 전이가 발생하는 현상임
- 작업 구역을 청정·준청정·오염 구역으로 나누어 동선을 분리함
- 단방향 공기 흐름을 통해 오염원이 역류하지 않도록 설계함
- 장비·소모품의 전용화, 색상 구분도 효과적임
- GMP 환경에서는 시설 설계 단계부터 교차오염 방지 기준을 반영함

70
세척·멸균 공정에서 'CAPA(Corrective and Preventive Action)'의 의미를 설명하시오.

정답 문제 발생 시 원인 규명 후 시정·예방조치를 통해 재발을 방지하는 활동임.

해설
- CAPA는 품질경영시스템(QMS)의 핵심 요소임
- 시정조치(CA)는 이미 발생한 문제를 해결하는 활동임
- 예방조치(PA)는 같은 문제가 다시 발생하지 않도록 제도적 장치를 마련하는 것임
- 세척·멸균 공정에서 오염, 멸균 실패, 기록 누락 등이 CAPA 대상임
- GMP 환경에서는 CAPA 이행 결과를 문서화하고 규제기관 점검 시 제시해야 함

04 정제·분리

01
단백질 정제 과정에서 가장 먼저 고려해야 할 목적산물의 특성은 무엇인가?

정답 분자량, 전하, 소수성, 안정성 등의 물리·화학적 특성

해설
- 목적산물의 특성은 정제 공정 선택의 기본 자료가 됨
- 분자량에 따라 겔여과, 막여과, 초원심분리 조건이 달라짐
- 전하는 이온교환 크로마토그래피 선택의 기준이 됨
- 소수성은 친화 크로마토그래피, 소수성 상호작용 크로마토그래피 조건 결정에 중요함
- 안정성 데이터는 pH, 온도, 염 조건 설정에 필수적임
- GMP 공정에서는 특성 분석 결과를 표준 공정 개발의 기초 자료로 활용함

02
단백질 정제에서 사용하는 이온교환 크로마토그래피의 원리를 설명하시오.

정답 전하의 차이에 따라 단백질을 분리·정제하는 방법임.

해설
- 이온교환 수지는 양이온교환체, 음이온교환체로 구분됨
- 단백질의 등전점(pI)과 완충용액 pH 차이에 따라 결합 여부가 결정됨
- pH 변화나 염 농도 변화로 단백질을 용출(elution)시킴
- 고해상도의 단백질 분리가 가능해 1차·2차 정제에 널리 활용됨
- GMP 환경에서는 칼럼 수지 재사용 시 CIP/SIP로 청정도 관리가 필수임

03

단백질 정제 과정에서 사용하는 겔 여과 크로마토그래피의 원리를 설명하시오.

정답 분자량(크기) 차이에 따라 분리하는 방법임.

해설
- 다공성 겔 입자 내부로 작은 분자는 침투하고 큰 분자는 침투하지 못함
- 따라서 큰 분자는 먼저 용출되고, 작은 분자는 나중에 용출됨
- 비변성 상태의 단백질을 분리할 수 있어 순도 확보에 유리함
- 버퍼 성분 교환, 탈염, 소분자 제거에도 활용됨
- GMP 공정에서는 겔의 기계적 안정성과 재사용성을 주기적으로 검증해야 함

04

친화 크로마토그래피(Affinity chromatography)의 장점을 설명하시오.

정답 높은 선택성과 순도를 가진 정제가 가능함.

해설
- 항체-항원, 효소-기질, 리간드-수용체와 같은 특이적 결합을 이용함
- 목적 단백질만 선택적으로 결합해 불순물 제거 효과가 큼
- 한 번의 단계로도 고순도의 정제가 가능함
- 다만 리간드 안정성, 비용, 탈착 조건 설정이 과제로 남음
- GMP에서는 친화성 수지의 세척·재사용 조건을 밸리데이션해야 함

05

단백질 정제 과정에서 초원심분리(ultracentrifugation)의 목적을 설명하시오.

정답 입자 크기와 밀도 차이를 이용하여 세포 파편, 단백질, 소기관 등을 분리함.

해설
- 초원심분리는 100,000 g 이상의 강한 원심력을 사용함
- 세포 파쇄 후 불용성 파편과 용해성 단백질을 분리하는 데 활용됨
- 밀도 구배 원심분리로 소기관, 리보솜, 바이러스 입자 분리 가능함
- 정제 전처리 단계에서 불순물 제거와 농축에 유리함
- GMP 환경에서는 원심분리기 균형, 회전수, 시간 기록을 반드시 관리함

06

단백질 정제에서 사용되는 소수성 상호작용 크로마토그래피(HIC)의 원리를 설명하시오.

정답 단백질 표면의 소수성 정도 차이를 이용하여 분리하는 방법임.

해설
- 고염 농도 조건에서 단백질의 소수성 잔기가 수지의 소수성 리간드와 결합함
- 염 농도를 점차 낮추면 소수성 결합력이 약해져 단백질이 용출됨
- 단백질의 구조를 크게 변성시키지 않고 분리할 수 있음
- 이온교환 후 보조 정제 단계에서 자주 활용됨
- GMP에서는 사용 후 수지에 대한 세척·재생 조건을 밸리데이션함

07

단백질 정제 시 버퍼 교환(Buffer exchange)이 필요한 이유를 설명하시오.

정답 단백질 안정화와 다음 정제 단계의 조건을 맞추기 위함임.

해설
- 각 크로마토그래피 단계는 최적의 pH, 염 농도를 요구함
- 이전 단계의 버퍼 성분이 남아 있으면 다음 정제 효율이 떨어짐
- 버퍼 교환은 투석, 겔 여과, 초여과로 수행됨
- 단백질의 안정성 유지와 변성 방지에도 중요한 역할을 함
- GMP 공정에서는 교환 과정 중 오염 여부를 모니터링해야 함

08

단백질 정제 과정에서 초여과막(ultrafiltration membrane)의 용도를 설명하시오.

정답 단백질 용액의 농축과 버퍼 교환에 사용됨.

해설
- 반투과성 막을 이용해 분자량 기준으로 선택적 여과가 이루어짐
- 큰 분자인 단백질은 막 위에 남고, 작은 분자(염, 완충제)는 투과됨
- 단백질 용액의 부피를 줄이고 농도를 높이는 데 효과적임
- 탈염, 버퍼 교환에도 널리 활용됨
- GMP 공정에서는 막의 무결성 시험을 주기적으로 시행함

09
단백질 정제에서 사용하는 단백질 전기영동(SDS-PAGE)의 목적을 설명하시오.

정답 단백질의 순도, 분자량, 발현 정도를 확인하기 위함임.

해설
- SDS는 단백질을 선형으로 변성시켜 크기(분자량)만에 따라 분리 가능하게 함
- PAGE는 전기장을 이용해 단백질을 겔 내에서 이동시켜 분리함
- 정제 단계별 시료를 분석하여 불순물 제거 정도와 목표 단백질 확인에 활용됨
- 밴드의 위치·강도 분석으로 발현량을 정량화할 수 있음
- GMP 환경에서는 SDS-PAGE 결과를 기록·보관하여 품질 관리 자료로 활용함

10
단백질 정제에서 사용하는 Western blot의 특징을 설명하시오.

정답 특정 단백질을 항체-항원 반응으로 검출하는 방법임.

해설
- SDS-PAGE로 단백질을 분리한 뒤, 막에 전이하여 항체로 검출함
- 매우 높은 특이성을 가지며, 단백질 발현 여부를 확인할 수 있음
- 미량의 단백질도 검출 가능하여 민감도가 높음
- 연구 및 품질관리에서 표적 단백질 확인에 활용됨
- GMP 환경에서는 제품 특이성 확인 시험으로 사용될 수 있음

11
단백질 정제 과정에서 사용되는 니켈-친화 크로마토그래피(Ni-NTA)의 원리를 설명하시오.

정답 His-tag 단백질이 니켈 이온과 특이적으로 결합하는 원리를 이용함.

해설
- 단백질에 6xHis-tag를 붙이면 니켈(Ni^{2+})이 고정된 수지에 강하게 결합함
- 불순물 단백질은 결합하지 않거나 약하게 결합해 세척 시 제거됨
- Imidazole 용액으로 경쟁적으로 용출하여 목표 단백질을 얻음
- 간단하고 선택성이 높아 연구용 단백질 정제에 널리 사용됨
- GMP 환경에서는 tag 단백질 제거 여부와 불순물 혼입을 반드시 검증해야 함

12

단백질 정제에서 사용하는 탈염(Desalting) 칼럼의 목적을 설명하시오.

정답 단백질 용액에서 염, 작은 분자를 제거하고 완충액을 교환하기 위함임.

해설
- 겔 여과 원리를 이용하여 단백질과 저분자 성분을 분리함
- 고농도 염 용액에서 단백질을 회수하거나, 다음 공정용 버퍼로 교환하는 데 사용됨
- 단백질을 손상시키지 않고 조건을 바꿀 수 있음
- SDS-PAGE 등 분석 전에 시료 정제에도 활용됨
- GMP 공정에서는 탈염 과정에서 단백질 회수율·순도 검증이 필요함

13

단백질 정제 시 농축 과정을 수행하는 이유를 설명하시오.

정답 단백질 농도를 높여 후속 정제·분석 과정을 효율적으로 하기 위함임.

해설
- 세포 파쇄액이나 배양액은 단백질 농도가 낮음
- 농축을 통해 단백질을 일정 부피 내에 모아야 정제 효율이 높아짐
- 초여과, 침전, 원심분리 등이 농축 방법으로 사용됨
- 농축 과정에서 단백질 안정성이 유지되도록 조건을 설정해야 함
- GMP 환경에서는 농축율, 단백질 회수율 등을 모니터링해야 함

14

단백질 정제 과정에서 '등전점 전기영동(IEF)'의 원리를 설명하시오.

정답 단백질이 자신의 등전점(pI)에서 전기적으로 중성화되어 정지하는 원리임.

해설
- 단백질은 pH 기울기 내에서 전기장을 따라 이동함
- 자신의 pI에 도달하면 전하가 0이 되어 더 이상 이동하지 않음
- pI 차이를 이용하여 단백질을 고해상도로 분리 가능함
- 연구용 분석뿐 아니라 품질관리에서 단백질 특성 확인에 활용됨
- GMP 환경에서는 등전점 확인 시험이 제품 특성 분석 자료로 사용됨

15
단백질 정제에서 사용하는 2차원 전기영동(2D-PAGE)의 특징을 설명하시오.

정답 등전점 전기영동과 SDS-PAGE를 결합하여 단백질을 고해상도로 분리하는 방법임.

해설
- 1차 분리는 IEF로, 단백질을 pI에 따라 분리함
- 2차 분리는 SDS-PAGE로, 크기(분자량)에 따라 다시 분리함
- 동일한 분자량 단백질이라도 pI 차이에 따라 구별할 수 있음
- 복잡한 단백질 혼합물 분석에 매우 유용함
- GMP 연구개발 단계에서는 단백질 특성 확인 및 불순물 동정에 활용됨

16
단백질 정제 과정에서 사용하는 친화성 태그(Affinity tag)의 목적을 설명하시오.

정답 목표 단백질을 선택적으로 정제하고 검출을 용이하게 하기 위함임.

해설
- His-tag, GST-tag, FLAG-tag 등이 대표적인 친화성 태그임
- 크로마토그래피 수지에 특이적으로 결합하여 불순물을 제거함
- 단백질 발현 여부와 위치를 확인하는 데에도 활용 가능함
- 태그 제거 과정이 필요할 수 있으며, 잔류 여부는 품질 관리 항목임
- GMP 환경에서는 태그 단백질 정제 시 불순물 관리와 제거 검증이 필수임

17
단백질 정제에서 사용하는 단백질 침전법의 원리를 설명하시오.

정답 염, 용매, pH 변화로 단백질 용해도를 낮춰 침전시키는 방법임.

해설
- 염석(salting out) : 황산암모늄 같은 염으로 단백질 용해도를 조절하여 침전시킴
- 용매침전 : 에탄올, 아세톤 등 유기용매를 첨가해 단백질을 침전시킴
- pH 변화 : 단백질의 등전점(pI) 부근에서 용해도가 최소가 되어 침전 발생
- 대량 단백질 분리, 전처리 단계에서 자주 사용됨
- GMP에서는 침전 후 회수율 · 순도 시험을 반드시 수행함

18

단백질 정제에서 사용하는 단백질 안정화 방법 2가지를 쓰시오.

정답 ① 완충액(pH, 이온강도 조절), ② 안정화제(글리세롤, DTT 등) 첨가

해설
- 단백질은 구조가 불안정하여 변성·분해되기 쉬움
- 완충액은 최적의 pH, 염 조건을 유지해 단백질 안정성을 높임
- 글리세롤, 설탕 등은 구조 안정화 및 동결보호제로 사용됨
- DTT, β-머캅토에탄올은 이황화결합 재형성을 방지함
- GMP 공정에서는 안정화 조건이 표준화되어 장기 보관 안정성 자료로 활용됨

19

단백질 정제에서 사용하는 면역침강(Immunoprecipitation, IP)의 원리를 설명하시오.

정답 항체-항원 특이적 결합을 이용해 목표 단백질을 선택적으로 회수하는 방법임.

해설
- 항체가 단백질 A/G beads 등에 결합되어 목표 단백질만 선택적으로 포획함
- 불순물 단백질은 세척 과정에서 제거됨
- 세포 내 단백질-단백질 상호작용 연구에도 활용됨
- 민감도·특이성이 높으나, 항체 품질과 비특이적 결합 관리가 중요함
- GMP 연구개발 단계에서는 항체 기반 정제법 최적화에 참고됨

20

단백질 정제에서 사용하는 크로마토그래피 '컬럼 패킹(column packing)'의 목적을 설명하시오.

정답 충전제를 균일하게 충전하여 분리 효율을 높이기 위함임.

해설
- 균일한 패킹은 용액 흐름이 일정하여 밴드 확산을 최소화함
- 충전 불균일 시 피크 왜곡, 분리 효율 저하, 재현성 문제 발생
- 컬럼 성능은 정제 효율과 직접적으로 연관됨
- 주기적 컬럼 성능 시험(HETP, 압력 시험)으로 품질을 관리함
- GMP 환경에서는 컬럼 충전·사용 기록을 표준화 문서로 관리함

21

단백질 정제에서 사용하는 친화성 크로마토그래피의 대표적 리간드 예시 2가지를 쓰시오.

정답 ① 단백질 A/G, ② 니켈(Ni^{2+})-NTA

해설
- 단백질 A/G는 항체 Fc 영역에 특이적으로 결합하여 항체 정제에 활용됨
- Ni^{2+}-NTA는 His-tag 단백질과 강하게 결합함
- 이외에도 글루타티온(GSH)-GST tag, FLAG-tag 항체 등이 있음
- 리간드 특이성에 따라 매우 높은 순도의 정제가 가능함
- GMP 환경에서는 리간드의 안정성, 용출 조건, 잔류 여부를 철저히 검증해야 함

22

단백질 정제 과정에서 사용하는 친화성 크로마토그래피의 단점을 설명하시오.

정답 비용이 높고, 리간드가 불안정하며, 탈착 조건이 까다롭다는 점임.

해설
- 리간드 합성 및 수지 가격이 고가임
- 강한 세척·재사용 과정에서 리간드가 분해되거나 성능이 저하될 수 있음
- 탈착 시 극단적 조건(pH, 염 등)을 사용하면 단백질 변성이 발생할 수 있음
- 비특이적 결합이 발생할 경우 순도가 떨어짐
- GMP 공정에서는 비용·효율·안정성 균형을 고려해 사용해야 함

23

단백질 정제 과정에서 사용하는 막여과(Membrane filtration)의 장점 2가지를 쓰시오.

정답 ① 신속한 여과, ② 대량 시료 처리 가능

해설
- 막여과는 단순한 물리적 분리 방법으로 처리 속도가 빠름
- 대량의 세포 배양액이나 단백질 용액도 단시간에 여과 가능함
- 막의 기공 크기를 조절하여 멸균(0.22 μm), 농축, 탈염 등에 적용 가능함
- 장비 구조가 단순해 유지보수가 용이함
- GMP 환경에서는 막 무결성 시험이 의무적으로 수행됨

24

단백질 정제 과정에서 사용하는 HPLC의 특징을 설명하시오.

정답 고압을 이용해 빠르고 정밀한 분리가 가능한 액체 크로마토그래피임.

해설
- 고압 펌프를 사용해 시료를 컬럼에 통과시킴
- 분리능이 높아 복잡한 단백질, 펩타이드 혼합물 분석에 적합함
- 흡광도 검출기, 형광 검출기 등을 결합해 정량 분석 가능함
- 분석용뿐 아니라 일부 정제 단계에도 활용됨
- GMP 환경에서는 HPLC 장비 밸리데이션과 표준품 검증이 필수임

25

단백질 정제 과정에서 사용하는 FPLC(Fast Protein Liquid Chromatography)의 특징을 설명하시오.

정답 단백질 분리에 특화된 저압 액체 크로마토그래피 시스템임.

해설
- HPLC보다 낮은 압력에서 작동하여 단백질 변성을 최소화함
- 다양한 컬럼(이온교환, 겔여과, 친화성 등)과 호환됨
- 분취(scale-up) 용도로 적합하여 연구·산업 현장에서 널리 사용됨
- 단백질의 회수율이 높고 재현성이 우수함
- GMP 공정에서는 FPLC를 활용한 표준 정제 공정이 확립되어 있음

26

단백질 정제 과정에서 사용하는 Size Exclusion Chromatography(SEC)의 장점을 설명하시오.

정답 단백질 구조 변성이 거의 없고, 버퍼 교환·탈염에도 활용 가능함.

해설
- SEC는 분자 크기 차이를 이용한 겔 여과 크로마토그래피임
- 단백질을 비변성 상태로 분리 가능하여 생물학적 활성이 보존됨
- 작은 분자는 겔 내부로 침투해 늦게 용출되고, 큰 분자는 먼저 용출됨
- 버퍼 교환, 탈염, 소분자 제거에 자주 활용됨
- GMP 공정에서는 SEC 컬럼의 재현성과 충전 상태를 주기적으로 검증해야 함

27

단백질 정제 과정에서 사용되는 단백질 A 크로마토그래피의 용도를 설명하시오.

정답 항체 정제에 사용됨.

해설
- 단백질 A는 Staphylococcus aureus 유래 단백질로 항체 Fc 영역에 결합함
- 항체 의약품 생산 시 1차 정제 단계에서 널리 사용됨
- 높은 특이성과 결합력으로 고순도 항체 회수가 가능함
- 다만 강한 산성 용출 조건이 필요하여 항체 안정성에 영향을 줄 수 있음
- GMP 환경에서는 단백질 A 수지 재사용 시 성능 저하 여부를 검증해야 함

28

단백질 정제 과정에서 사용하는 크로마토그래피의 '용출(elution) 방법' 2가지를 쓰시오.

정답 ① 구배용출(Gradient elution), ② 등용출(Isocratic elution)

해설
- 구배용출 : 용리액의 염 농도 · pH · 용매 조성을 점차 변화시켜 단백질을 순차적으로 분리함
- 등용출 : 용리액 조성을 일정하게 유지하여 단순 분리 수행
- 구배용출은 분리능이 높으나 시간이 걸리고, 등용출은 단순하지만 해상도가 낮을 수 있음
- 두 방법은 단백질 특성과 목적에 따라 선택됨
- GMP 환경에서는 용출 조건 최적화가 공정 밸리데이션 항목임

29

단백질 정제 과정에서 사용하는 Gel electrophoresis(겔 전기영동)의 한계를 설명하시오.

정답 소량 분석에 적합하나, 대량 정제에는 사용할 수 없음.

해설
- 전기영동은 단백질의 크기, 전하를 분석하는 데 매우 유용함
- 그러나 처리 용량이 제한적이어서 대량 단백질 분리 · 정제에는 부적합함
- 또한 단백질이 변성될 수 있어 생리적 활성을 유지하기 어려움
- 따라서 연구 · 분석용 보조 도구로 사용됨
- GMP 환경에서는 품질관리(QC) 분석 시험으로 제한적으로 활용됨

30

단백질 정제 과정에서 사용하는 크로마토그래피의 'Peak broadening(피크 확산)' 원인을 설명하시오.

정답 컬럼 충전 불균일, 확산, 유속 불균일 등으로 분리 효율이 저하되기 때문임.

해설
- 피크 확산은 단백질이 컬럼 내에서 머무르는 시간이 달라져 발생함
- 충전 불균일, 유속 차이, 시료 과량 주입 등이 주요 원인임
- 피크 확산이 심하면 분리능·해상도가 떨어짐
- 이를 최소화하기 위해 균일한 컬럼 패킹, 적정 시료량, 최적 유속이 필요함
- GMP 공정에서는 HETP 시험 등으로 컬럼 성능을 정기적으로 점검함

31

단백질 정제에서 사용하는 전기영동 후 silver staining의 특징을 설명하시오.

정답 민감도가 높아 소량 단백질 검출이 가능함.

해설
- silver staining은 코마씨 블루 염색보다 10~100배 높은 민감도를 가짐
- 수 ng 단백질까지 검출 가능하여 미량 단백질 분석에 적합함
- 다만, 과정이 복잡하고 재현성이 낮을 수 있음
- 단백질의 정량 분석보다는 검출 민감도 확보에 활용됨
- GMP 연구 단계에서는 단백질 불순물 검출용 보조 시험으로 적용됨

32

단백질 정제 과정에서 사용하는 Native PAGE의 목적을 설명하시오.

정답 단백질의 구조와 활성을 유지한 상태로 분리하기 위함임.

해설
- SDS를 사용하지 않아 단백질이 변성되지 않음
- 따라서 단백질 복합체, 효소 활성 상태를 분석할 수 있음
- 분자량뿐 아니라 전하, 구조 차이에 따라 이동 속도가 달라짐
- 복합체 해체 여부, 단백질 간 상호작용 확인에도 활용됨
- GMP 연구개발 단계에서는 효소 활성 시험과 병행하여 활용 가능함

33

단백질 정제 과정에서 사용하는 capillary electrophoresis의 장점을 설명하시오.

정답 분리 속도가 빠르고, 고해상도 분석이 가능함.

해설
- 모세관 내에서 전기장을 걸어 단백질·펩타이드를 분리함
- 분리 효율이 높아 미량 시료 분석에 적합함
- 자동화·정량화가 가능하여 재현성이 뛰어남
- 다만, 장비가 고가이고 운용이 까다로울 수 있음
- GMP 환경에서는 QC 단계의 고정밀 분석 도구로 사용 가능함

34

단백질 정제 과정에서 사용하는 동결건조(Lyophilization)의 목적을 설명하시오.

정답 단백질을 장기 보관할 수 있도록 안정화하기 위함임.

해설
- 시료를 동결한 뒤 진공 상태에서 수분을 승화시켜 건조함
- 단백질 구조와 활성을 유지하면서 보관 가능함
- 안정화제(설탕, 트레할로스 등)를 첨가해 변성을 방지함
- 재용해 시 원래의 활성을 회복할 수 있음
- GMP 공정에서는 동결건조 제품의 수분 함량·안정성을 검증해야 함

35

단백질 정제 과정에서 사용하는 mass spectrometry(MS)의 목적을 설명하시오.

정답 단백질의 분자량, 아미노산 서열, 구조를 분석하기 위함임.

해설
- MS는 분자량 측정에 매우 정확하며, 단백질 동정을 위한 핵심 도구임
- 펩타이드 지문 분석(peptide mass fingerprinting)으로 아미노산 서열 확인 가능
- 단백질 변형(post-translational modification) 분석에도 활용됨
- LC-MS/MS와 결합하면 복잡한 혼합물에서도 단백질 동정 가능함
- GMP 연구개발 단계에서는 정체성(identity) 시험 자료로 사용됨

36

단백질 정제 과정에서 사용하는 ion pairing reagent의 역할을 설명하시오.

정답 단백질 · 펩타이드의 극성을 조절하여 크로마토그래피 분리를 용이하게 함.

해설
- 이온쌍 형성 시 단백질의 전하 특성이 변해 컬럼 고정상과 상호작용이 달라짐
- 주로 역상 HPLC에서 사용되며, 이동상 극성을 조절함
- 분리능이 향상되고, 극성 펩타이드의 머무름 시간이 증가함
- 대표적으로 TFA(trifluoroacetic acid), HFBA 등이 사용됨
- GMP 환경에서는 시약 잔류 여부를 철저히 검증해야 함

37

단백질 정제 과정에서 사용하는 reverse phase chromatography(RP-HPLC)의 원리를 설명하시오.

정답 소수성 상호작용을 이용하여 단백질 · 펩타이드를 분리하는 방법임.

해설
- 컬럼 내 소수성 실리카 표면과 단백질 소수성 부분이 결합함
- 유기용매 농도를 점차 증가시켜 단백질을 용출함
- 높은 해상도를 가지며 펩타이드, 단백질 정량 분석에 적합함
- 다만, 강한 유기용매로 인해 단백질 변성이 발생할 수 있음
- GMP 환경에서는 분석법 밸리데이션 후 QC 시험으로 사용됨

38

단백질 정제 과정에서 사용하는 immunoaffinity chromatography의 특징을 설명하시오.

정답 항체-항원 특이적 결합을 이용해 목표 단백질만 고순도로 정제 가능함.

해설
- 항체가 고정된 컬럼에 목표 단백질만 결합함
- 불순물은 세척 단계에서 제거되고, 용출 단계에서 순수 단백질 회수 가능
- 높은 특이성과 순도 덕분에 연구 · 의약품 개발에 활용됨
- 다만, 항체 가격이 높고 안정성이 제한적임
- GMP 환경에서는 항체-리간드 안정성, 잔류 여부를 엄격히 관리함

39

단백질 정제 과정에서 사용하는 dialysis(투석)의 목적을 설명하시오.

정답 저분자 물질 제거와 완충액 교환을 통해 단백질을 안정화함.

해설
- 반투과성 막을 이용해 단백질은 잔류시키고, 염·소분자는 제거됨
- 염 농도 조절, 용매 교환, 잔여 시약 제거에 효과적임
- 단백질에 손상을 주지 않고 장시간 조건을 유지 가능함
- 다만, 시간이 오래 걸리고 대량 처리에는 한계가 있음
- GMP 공정에서는 멸균수(WFI)를 사용하며, 교환 횟수를 표준화함

40

단백질 정제 과정에서 사용하는 protease inhibitor의 목적을 설명하시오.

정답 단백질이 분해효소(protease)에 의해 분해되는 것을 방지하기 위함임.

해설
- 세포 파쇄 과정에서 protease가 활성화되어 단백질 분해가 일어날 수 있음
- protease inhibitor는 세린, 시스테인, 아스파르트산, 금속 프로테아제 등을 억제함
- PMSF, EDTA, leupeptin 등이 대표적 억제제임
- 정제 과정에서 단백질 안정성을 확보하는 데 중요함
- GMP 환경에서는 잔류 여부, 독성 검증을 거쳐 사용 가능성이 평가됨

41

단백질 정제 과정에서 사용하는 크로마토그래피의 해상도(resolution)를 높이는 방법 2가지를 쓰시오.

정답 ① 컬럼 길이를 늘림, ② 유속을 최적화함

해설
- 컬럼 길이가 길수록 분리 기회가 많아져 해상도가 증가함
- 유속이 너무 빠르면 분리가 불완전하고, 너무 느리면 확산이 커짐
- 적절한 입자 크기와 충전 균일성도 해상도 향상에 중요함
- 시료량을 과다 주입하지 않는 것도 해상도를 유지하는 방법임
- GMP 공정에서는 해상도 기준치를 설정하고 주기적으로 검증함

42

단백질 정제 과정에서 사용하는 gradient elution(구배 용출)의 장점을 설명하시오.

정답 복잡한 단백질 혼합물을 높은 분리능으로 정제할 수 있음.

해설
- 염 농도, pH, 용매 조성을 점차 변화시켜 단백질을 순차적으로 용출시킴
- 이온교환, 역상 크로마토그래피 등에서 주로 사용됨
- 단백질 특성 차이에 따른 선택적 분리가 가능함
- 등용출에 비해 해상도가 높고 재현성이 우수함
- GMP 환경에서는 구배 조건의 밸리데이션과 재현성 관리가 필수임

43

단백질 정제 과정에서 사용하는 등전점 침전법의 원리를 설명하시오.

정답 단백질이 등전점(pI)에서 전하가 0이 되어 용해도가 최소가 되어 침전되는 원리임.

해설
- 단백질은 pH에 따라 전하를 띠며, pI에서는 전하가 중성이 됨
- 전하 반발력이 사라져 용해도가 낮아지고 침전이 발생함
- 다른 단백질과 분리하거나 불순물 제거에 활용됨
- 다만, pH 조절이 미세해 안정성 손실 위험이 있음
- GMP 환경에서는 침전 후 회수율과 순도를 검증해야 함

44

단백질 정제 과정에서 사용하는 ammonium sulfate 침전의 장점을 설명하시오.

정답 단백질 안정성을 유지하면서 대량 농축·분리가 가능함.

해설
- ammonium sulfate는 단백질 구조를 안정화시키는 효과가 있음
- 용해도를 단계적으로 조절하여 단백질을 분획할 수 있음
- 저렴하고 대량 공정에 적합하여 가장 많이 사용되는 침전법임
- 후속 정제 단계 전처리로 널리 활용됨
- GMP 환경에서는 염 제거(투석·겔여과) 후 품질 시험을 수행함

45

단백질 정제 과정에서 사용하는 ultracentrifugation(초원심분리)의 단점을 설명하시오.

정답 고가 장비가 필요하고, 시료 처리량이 제한적임.

해설
- 초원심분리는 100,000 g 이상의 높은 원심력이 필요함
- 장비 가격과 유지비용이 높아 대규모 산업 공정에는 부적합함
- 시료당 처리량이 제한적이어서 병렬 작업이 필요함
- 장시간 원심분리 시 단백질이 변성될 위험이 있음
- GMP 환경에서는 장비 밸리데이션과 회전수 정확성 검증이 필수임

46

단백질 정제 과정에서 사용하는 column regeneration(컬럼 재생)의 목적을 설명하시오.

정답 사용 후 컬럼의 결합물과 불순물을 제거하여 성능을 회복하기 위함임.

해설
- 여러 번 사용한 컬럼에는 단백질, 염, 불순물이 축적됨
- 재생 과정을 통해 수지를 세척하고 원래 성능을 유지함
- 고염, pH 변화, 유기용매 세척 등으로 오염을 제거함
- 재생 후에는 성능 시험(HETP, 압력 시험)을 수행해야 함
- GMP 공정에서는 컬럼 재생 조건과 횟수를 표준화 문서로 관리함

47

단백질 정제 과정에서 사용하는 column equilibration(평형화)의 목적을 설명하시오.

정답 컬럼을 정제에 적합한 조건으로 조정하기 위함임.

해설
- 평형화는 크로마토그래피 전 단계에서 반드시 수행됨
- 충전제가 완충액과 동일 조건에 놓여야 단백질 결합이 안정적임
- 평형화가 불충분하면 결합 효율 저하, 분리 불균일이 발생함
- 완충액 pH, 염 농도 조건을 일정하게 유지하는 것이 중요함
- GMP 공정에서는 평형화 조건을 SOP로 문서화해 일관성을 확보함

48

단백질 정제 과정에서 사용하는 step elution(단계 용출)의 특징을 설명하시오.

정답 용리액 조건을 단계적으로 변화시켜 단백질을 분리하는 방법임.

해설
- 구배용출과 달리 조건을 일정 구간별로 급격히 바꿈
- 예 : 염 농도 0.1M → 0.3M → 0.5M 등 단계적으로 증가시켜 단백질 용출
- 특정 단백질을 선택적으로 회수하는 데 유리함
- 구배용출보다 단순하고 재현성이 높음
- GMP 공정에서는 step elution 패턴을 밸리데이션하여 일관성을 검증함

49

단백질 정제 과정에서 사용하는 chromatography resolution 저하 원인 2가지를 쓰시오.

정답 ① 컬럼 충전 불균일, ② 시료 과량 주입

해설
- 충전 불균일은 유속 차이 · 확산으로 피크가 넓어짐
- 시료를 과량 주입하면 분리능이 떨어지고 밴드 겹침 발생
- 컬럼 오염, 유속 불안정, 버퍼 조건 불일치도 해상도 저하 원인임
- 해상도 저하는 정제 효율과 순도 감소로 직결됨
- GMP 공정에서는 정기적인 컬럼 성능 점검(HETP 시험)으로 관리함

50

단백질 정제 과정에서 사용하는 affinity chromatography의 재사용 한계 요인을 설명하시오.

정답 리간드 분해 · 손상, 비특이적 결합 축적, 세척 과정에 의한 성능 저하임.

해설
- 반복 사용 시 리간드가 분해되거나 탈착되어 결합력이 감소함
- 비특이적 단백질이 수지에 축적되어 선택성이 떨어짐
- 강한 세척 조건은 수지의 화학적 안정성을 손상시킴
- 재사용 횟수가 늘수록 회수율 · 순도가 낮아짐
- GMP 공정에서는 재사용 횟수를 제한하고 주기적 성능 검증을 실시함

51

단백질 정제 과정에서 사용하는 gel filtration chromatography의 주요 활용 목적 2가지를 쓰시오.

정답 ① 단백질의 분자량별 분리, ② 버퍼 교환 및 탈염

해설
- 다공성 겔을 이용해 분자 크기에 따라 분리하는 방법임
- 큰 분자는 겔 내부로 침투하지 못해 먼저 용출되고, 작은 분자는 늦게 용출됨
- 단백질의 순도 향상뿐 아니라 염, 완충제 성분을 제거하는 데도 활용됨
- 단백질의 안정성을 유지한 상태에서 분리할 수 있는 장점이 있음
- GMP 공정에서는 버퍼 교환 시 gel filtration 단계 검증을 반드시 수행함

52

단백질 정제 과정에서 사용하는 hydrophobic interaction chromatography(HIC)의 특징을 설명하시오.

정답 단백질의 소수성 정도 차이를 이용해 비변성 상태로 분리 가능함.

해설
- 고염 조건에서 단백질 소수성 잔기가 수지의 소수성 리간드와 결합함
- 염 농도를 낮추면서 단백질을 순차적으로 용출함
- 단백질의 입체 구조를 크게 변성시키지 않음
- 이온교환 후 보조 정제 단계에서 자주 사용됨
- GMP 공정에서는 HIC 수지 재사용 및 청정도 관리가 중요함

53

단백질 정제 과정에서 사용하는 protein refolding의 목적을 설명하시오.

정답 변성된 단백질을 원래의 기능적 구조로 되돌리기 위함임.

해설
- 세포 내 과발현된 단백질은 inclusion body(불용성 응집체) 형태로 나타날 수 있음
- 이 단백질을 변성제(urea, guanidine 등)로 용해한 뒤 서서히 제거하면서 refolding을 유도함
- 적절한 산화환원 조건, 첨가제 사용이 refolding 성공에 필수적임
- 실패 시 단백질이 다시 응집하여 회수율이 낮아질 수 있음
- GMP 연구개발 단계에서는 단백질 활성 복원 여부를 품질 시험으로 확인함

54

단백질 정제 과정에서 사용하는 dialysis의 단점 2가지를 쓰시오.

정답 ① 시간이 오래 걸림, ② 대량 시료 처리에 부적합함

해설
- 투석은 분자량 차이를 이용해 저분자 물질을 제거하는 방법임
- 확산에 의존하기 때문에 수 시간이 소요됨
- 대량 단백질 용액에는 적용이 어렵고, 반복 교환이 필요함
- 단백질 농도가 낮아질 수 있는 단점도 있음
- GMP 공정에서는 투석 대신 초여과막을 이용한 버퍼 교환을 선호함

55

단백질 정제 과정에서 사용하는 protein aggregation(단백질 응집)의 문제점을 설명하시오.

정답 단백질 활성이 상실되고 정제 효율이 저하됨.

해설
- 단백질은 불안정 조건(pH 변화, 고농도, 열)에 쉽게 응집할 수 있음
- 응집체는 불용성으로 침전되어 회수율이 낮아짐
- 생리적 기능을 잃어버려 의약품 원료로 사용할 수 없음
- 안정화제, 저온 보관, 완충액 조절 등으로 예방이 필요함
- GMP 공정에서는 응집 발생 여부를 정기적으로 모니터링함

56

무균 조작 시 알코올램프와 백금이 사용의 목적을 설명하시오.

정답 작업대 주변 공기 소독과 기구 멸균을 위함임.

해설
- 알코올램프 불꽃은 국소적 대류를 형성해 공기 중 미생물 침입을 줄임
- 백금이는 불꽃에 가열해 순간 멸균 후 미생물 접종에 사용됨
- 간단하고 신속한 멸균 방법으로 세균 배양에서 널리 사용됨
- 다만, 무균실에서는 화재 위험으로 전기히터 대체가 권장됨
- GMP 교육에서는 알코올램프 사용 시 화재 안전수칙을 반드시 강조함

57

병원균이나 재조합물질을 여과할 때 낮은 에너지로 에어로졸 발생을 최소화하는 여과법은 무엇인가?

정답 멤브레인 여과법 (Membrane filtration)

해설
- 멤브레인 필터는 압력·진공을 최소화하여 저에너지 조건에서 여과 수행이 가능함
- 고속 원심분리 등 고에너지 방식과 달리 에어로졸 발생이 적음
- 병원성 미생물이나 유전자 재조합물질 취급 시 안전성을 높임
- 0.22 μm 필터로 세균, 0.1 μm 필터로 바이러스 일부 차단 가능함
- GMP에서는 생물안전 기준(BSL)에 따라 적합한 여과 장치 사용을 규정함

58

배양 전 멸균기 관리 시 급수 상태 확인이 중요한 이유를 설명하시오.

정답 충분한 증기 발생과 안정적인 멸균 조건 유지를 위함임.

해설
- 멸균기는 물을 가열해 발생한 포화증기로 멸균 효과를 발휘함
- 급수가 부족하면 증기 발생량이 줄어 멸균 조건이 불안정해짐
- 물의 불순물은 스케일을 형성해 가열 효율 저하와 장비 고장을 유발함
- 따라서 멸균 전 급수 상태·수질 점검은 필수임
- GMP 현장에서는 사용수 품질 기준을 규정하고 관리함

59

미생물 배양에서 공멸균(co-sterilization)의 개념을 설명하시오.

정답 배지와 용기를 함께 멸균하는 방법임.

해설
- 배지 제조 후 분주 용기와 함께 멸균기를 통해 동시에 멸균함
- 개별 멸균보다 효율적이고 오염 위험을 줄임
- 고압증기멸균(autoclave)에서 주로 활용되는 방법임
- 다만, 일부 첨가제(열 민감 물질)는 멸균 후 무균적으로 첨가해야 함
- GMP 환경에서는 공멸균 SOP와 첨가제 무균 첨가 절차를 구분함

60

배양 준비 단계에서 자주 활용되는 멸균 가스 2종을 쓰시오.

정답 에틸렌옥사이드(EO), 과산화수소 증기(VHP)

해설
- EO는 저온 멸균이 가능해 플라스틱, 고무 재질 멸균에 활용됨
- VHP는 EO보다 안전성이 높고, 잔류 독성이 적어 클린룸·기구 멸균에 적합함
- 두 가스 모두 복잡한 구조물·배관까지 멸균 가능함
- 다만 EO는 독성과 발암성이 있어 환기·잔류 시험이 필수임
- GMP에서는 EO·VHP 모두 밸리데이션 후 사용 가능함

61

멸균 전 점검에서 휘발성 물질 확인이 중요한 이유를 쓰시오.

정답 폭발 및 화재 위험을 예방하기 위함임.

해설
- 멸균기 내부에서 휘발성 용매(알코올, 에테르 등)가 남아 있으면 폭발 위험이 있음
- 고온·고압 조건에서 인화성 물질은 안전사고로 직결됨
- 따라서 멸균 전 반드시 제거 여부를 확인해야 함
- GMP 현장에서는 안전점검 항목에 휘발성 물질 확인 절차가 포함됨

62

열에 민감한 물질 멸균 시 가장 적합한 건조법을 고르시오.

정답 동결건조법 (Lyophilization)

해설
- 열풍·자연건조·분무건조는 고온 노출로 인해 열 민감 물질이 변성됨
- 동결건조는 저온·진공에서 수분을 제거하므로 단백질·효소 안정성 유지가 가능함
- 제약·바이오 의약품의 장기 보관에 널리 활용됨
- GMP 공정에서는 동결건조 후 수분 함량 검증 시험이 필수임

63

멸균기 가열 과정에서 압력밸브 점검이 필요한 이유를 설명하시오.

정답 과압 발생을 방지하여 안전을 확보하기 위함임.

해설
- 멸균기는 고온·고압 증기로 작동되므로 압력밸브가 핵심 안전장치임
- 밸브가 막히거나 고장나면 압력 폭발 사고로 이어질 수 있음
- 정기 점검을 통해 압력 유지·해제 기능이 정상 작동하는지 확인해야 함
- GMP 시설에서는 압력밸브 점검 기록을 유지 관리함

64

멸균 전기 점검 시 작업자 안전을 위해 반드시 확인해야 할 2가지를 쓰시오.

정답 ① 접지 상태, ② 누전 여부

해설
- 멸균기는 전기 히터·펌프를 사용하는 장치이므로 전기 안전 점검이 필수임
- 접지 불량 시 감전 사고 위험이 큼
- 누전 차단 장치 작동 여부를 반드시 점검해야 함
- GMP 안전관리 절차에는 전기 설비 점검 항목이 포함되어 있음

65

고형물 제제의 수분 형태 3가지를 쓰고, 결정수 분석 방법을 설명하시오.

정답
- 저수분 형태 : ① 결정수, ② 흡착수, ③ 모세관수
- 분석 방법 : Karl Fischer 적정법 또는 열중량분석법(TGA)

해설
- 결정수 : 결정 구조 내부에 포함된 물 분자
- 흡착수 : 입자 표면에 물리적으로 붙은 물
- 모세관수 : 입자 사이 공간에 존재하는 물
- Karl Fischer 적정법은 정밀한 수분 정량에 활용됨
- 열중량분석은 가열 시 질량 감소를 통해 수분 함량을 측정함
- GMP 분석실에서는 두 방법 모두 밸리데이션 후 적용됨

66
멸균 전 점검에서 휘발성 물질 확인이 중요한 이유를 쓰시오.

정답 폭발 및 화재 위험을 예방하기 위함임.

해설
- 멸균기 내부에서 휘발성 용매(알코올, 에테르 등)가 남아 있으면 폭발 위험이 있음
- 고온·고압 조건에서 인화성 물질은 안전사고로 직결됨
- 따라서 멸균 전 반드시 제거 여부를 확인해야 함
- GMP 현장에서는 안전점검 항목에 휘발성 물질 확인 절차가 포함됨

67
열에 민감한 물질 멸균 시 가장 적합한 건조법을 고르시오.

정답 동결건조법 (Lyophilization)

해설
- 열풍·자연건조·분무건조는 고온 노출로 인해 열 민감 물질이 변성됨
- 동결건조는 저온·진공에서 수분을 제거하므로 단백질·효소 안정성 유지가 가능함
- 제약·바이오 의약품의 장기 보관에 널리 활용됨
- GMP 공정에서는 동결건조 후 수분 함량 검증 시험이 필수임

68
멸균기 가열 과정에서 압력밸브 점검이 필요한 이유를 설명하시오.

정답 과압 발생을 방지하여 안전을 확보하기 위함임.

해설
- 멸균기는 고온·고압 증기로 작동되므로 압력밸브가 핵심 안전장치임
- 밸브가 막히거나 고장나면 압력 폭발 사고로 이어질 수 있음
- 정기 점검을 통해 압력 유지·해제 기능이 정상 작동하는지 확인해야 함
- GMP 시설에서는 압력밸브 점검 기록을 유지 관리함

69
멸균 전기 점검 시 작업자 안전을 위해 반드시 확인해야 할 2가지를 쓰시오.

정답 ① 접지 상태, ② 누전 여부

해설
- 멸균기는 전기 히터·펌프를 사용하는 장치이므로 전기 안전 점검이 필수임
- 접지 불량 시 감전 사고 위험이 큼
- 누전 차단 장치 작동 여부를 반드시 점검해야 함
- GMP 안전관리 절차에는 전기 설비 점검 항목이 포함되어 있음

70
고형물 제제의 수분 형태 3가지를 쓰고, 결정수 분석 방법을 설명하시오.

정답
- 수분 형태: ① 결정수, ② 흡착수, ③ 모세관수
- 분석 방법: Karl Fischer 적정법 또는 열중량분석법(TGA)

해설
- 결정수: 결정 구조 내부에 포함된 물 분자
- 흡착수: 입자 표면에 물리적으로 붙은 물
- 모세관수: 입자 사이 공간에 존재하는 물
- Karl Fischer 적정법은 정밀한 수분 정량에 활용됨
- 열중량분석은 가열 시 질량 감소를 통해 수분 함량을 측정함
- GMP 분석실에서는 두 방법 모두 밸리데이션 후 적용됨

71
멸균 시 강열잔분시험법이 필요한 목적을 설명하시오.

정답 멸균 후 남는 무기질·불순물 잔류량을 확인하기 위함임.

해설
- 고온에서 시료를 태운 후 남는 무기질 성분을 측정함
- 멸균 과정 중 기구나 시약에서 오염된 불순물을 검출 가능함
- 주로 멸균수, 멸균기구의 청정도 검증에 활용됨
- GMP 분석실에서는 강열잔분시험을 통해 청정수준을 정기적으로 관리함

72

배양액 제조 시 몰농도의 정의와 단위를 정확히 쓰시오.

정답 용액 1L에 녹아 있는 용질의 몰 수 (mol/L)

해설
- 몰농도(Molarity, M)는 용질 몰 수 ÷ 용액 부피(L)로 정의됨
- 단위는 mol/L 또는 M으로 표기함
- 배양액 조성 시 정확한 농도 조절에 필수적임
- GMP에서는 제조기록서에 몰농도를 표기하여 재현성을 확보함

73

미생물 동결건조 시 보호제로 자주 사용되는 물질을 2가지 쓰시오.

정답 ① 트레할로스, ② 글리세롤

해설
- 동결 과정에서 세포 내 얼음 결정이 형성되면 세포막이 손상됨
- 트레할로스, 글리세롤은 세포막 안정화 및 단백질 변성 방지 역할을 함
- 동결건조 후 세포 생존율을 높이는 효과가 있음
- GMP 미생물 보존에서는 보호제의 종류 · 농도를 표준화함

74

UV 멸균법의 특징과 한계를 설명하시오.

정답 DNA 손상을 유도하여 멸균 효과를 가지지만, 투과력이 낮아 표면 멸균에만 효과적임.

해설
- UV-C(254 nm) 파장은 미생물 DNA에 흡수되어 치명적 손상을 줌
- 화학약품 없이 간단히 멸균 가능함
- 그러나 투과력이 낮아 공기 · 액체 내부 멸균에는 효과가 적음
- 표면 소독, 클린벤치 · 작업대 멸균에 적합함
- GMP 현장에서는 UV 사용 시 노출 시간 · 거리 등을 관리 기준으로 설정함

75

미생물 단일배양 시 오염 여부를 확인하는 방법을 2가지 쓰시오.

정답 ① 현미경 검경, ② 배양 후 집락 관찰

해설
- 현미경 관찰을 통해 세포 형태가 균일한지 확인함
- 집락(colony)의 형태, 색, 크기가 균일해야 단일배양으로 판정함
- 액체 배양 시 탁도, 침전 상태를 확인할 수도 있음
- 오염이 확인되면 재배양을 실시해야 함
- GMP 공정에서는 배양기록지에 오염 확인 절차를 문서화하여 관리함

❷ 바이오 자격증 필답형 예상문제

01 배양 준비

01
화학제로 멸균할 때 가스 형태로 사용하는 화학제 2가지를 쓰시오.

정답 에틸렌옥사이드(EO), 포름알데히드

해설
- EO는 저온 멸균이 가능하여 플라스틱·고무 재질 멸균에 활용됨
- 포름알데히드는 고전적 가스 멸균제로, 내열성 낮은 기구 멸균에 사용됨
- 두 가스 모두 확산력이 높아 복잡한 구조 내부까지 멸균 가능함
- 다만, 독성과 잔류 문제가 있어 환기·중화 공정이 필요함
- GMP 현장에서는 EO 멸균 후 잔류 가스 시험을 필수로 수행함

02
공정 설계 시 위험 요소를 제거하기 위해 반드시 사전에 식별해야 하는 요소는 무엇인가?

정답 위해요소 (Hazard)

해설
- 위해요소는 미생물 오염, 화학적 위해, 물리적 위해로 구분됨
- 식별된 위해요소는 HACCP, GMP 공정 관리에서 CCP(중요관리점)으로 설정됨
- 사전 위험 분석은 생산 안전성과 품질 보증의 핵심임
- GMP 규정에서는 위해요소 분석 결과를 공정 밸리데이션 자료로 활용함

03

배양 전 배양조 내부 및 배관을 함께 멸균하는 과정을 무엇이라 하는가?

정답 SIP (Sterilization In Place)

해설
- SIP는 설비를 분해하지 않고 증기를 주입하여 현장에서 멸균하는 방법임
- 주로 121℃ 이상의 포화증기를 사용하여 일정 시간 유지함
- CIP(세척 후 멸균) 단계와 함께 GMP 생산 설비에서 기본 절차임
- 배양조, 배관, 밸브, 필터 등 시스템 전체를 멸균 가능함
- 무균 상태 유지와 연속 공정 관리에 적합함

04

멸균기 관리 시 멸균 전에 점검해야 할 사항 4가지를 쓰시오.

정답 ① 물 공급 상태, ② 압력밸브·계기 이상 여부, ③ 전원 상태, ④ 챔버 청결 상태

해설
- 물 공급은 증기 발생량에 직접 영향을 줌
- 압력·온도계의 정상 작동은 멸균 조건 유지의 핵심임
- 전원 불안정은 멸균 중단·실패 원인이 됨
- 챔버 내 이물·오염은 멸균 효과를 저해함
- GMP 공정에서는 사전 점검 항목을 체크리스트로 문서화하여 관리함

05

멸균에 영향을 주는 습열 멸균의 주요 인자 3가지를 쓰시오.

정답 ① 온도, ② 압력, ③ 시간

해설
- 습열 멸균은 포화증기의 응축열로 미생물을 사멸시킴
- 온도와 시간은 사멸 곡선과 직결되며, 압력은 침투력을 높임
- 이 세 인자의 조합이 멸균 유효성 확보의 핵심임
- 조건 설정은 미생물 사멸 속도, D값, Z값 근거로 이루어짐
- GMP 기준에서는 자동 기록 장치를 통해 세 인자를 실시간 모니터링함

06

무기 질소원을 2가지 예시하시오.

정답 질산염(NO_3^-), 암모늄염(NH_4^+)

해설
- 무기 질소원은 단백질·핵산 합성에 필요한 질소를 공급함
- 질산염은 일부 미생물이 환원 과정을 거쳐 아미노산 합성에 이용함
- 암모늄염은 빠르게 이용되지만 과량 시 pH를 산성화할 수 있음
- 유기 질소원(펩톤, 효모추출물)과 병행하면 성장 안정성이 높음
- GMP 공정에서는 질소원 종류·농도를 표준화하여 균일한 품질을 확보함

07

미생물 단일배양 시 오염 여부를 확인하는 방법을 2가지 쓰시오.

정답 ① 현미경 검경, ② 평판배양(agar plate)

해설
- 현미경 관찰을 통해 세포 형태가 균일한지 확인 가능함
- 평판배양으로 단일 콜로니 형성 여부를 검증함
- 액체배양 시 혼탁도·냄새 변화 등은 보조적 지표임
- 필요 시 PCR, 염색법 등 분자생물학적 기법을 활용하기도 함
- GMP 환경에서는 무균시험을 통해 단일배양 상태를 정기적으로 확인함

08

UV 멸균법의 특징과 한계를 설명하시오.

정답 DNA 손상을 유도하여 멸균 효과가 있으나, 투과력이 낮아 표면 멸균에만 효과적임.

해설
- UV-C(254 nm)는 DNA에 티민 다이머를 형성하여 복제·전사를 억제함
- 화학약품 잔류가 없고 단순하여 클린벤치, 작업대 멸균에 활용됨
- 그러나 불투명·다공성 재질 내부까지 도달하지 못함
- 장시간 노출은 장비·재질 변색, 손상을 유발함
- GMP 현장에서는 UV 멸균을 보조 수단으로만 사용하며, 주요 멸균법을 대체하지는 않음

09

미생물 배양 시 사용하는 유틸리티 용수의 종류 3가지를 구분하여 설명하시오.

정답 ① 상수도수, ② 정제수(Purified water), ③ 주사용수(WFI)

해설
- 상수도수: 초기 세척·보일러 급수에 사용됨
- 정제수: RO, 이온교환 처리로 불순물 제거, 배지 제조·세척에 사용됨
- 주사용수(WFI): 초순수로 멸균 후 사용, 주사제·세포배양 등 고순도 요구 공정에 사용됨
- 용도별로 수질 기준(TOC, 전도도, 엔도톡신 기준)이 구분되어야 함
- GMP 기준에서는 각 용수의 수질 시험과 배관 관리가 필수임

10

Clean bench 사용 절차를 올바른 순서대로 나열하시오.

정답 ① 전원·UV 점등 → ② 멸균 소독 → ③ 무균 작업 수행 → ④ 사용 후 청소·UV 멸균

해설
- 사용 전 일정 시간 UV 조사로 표면 소독을 수행함
- 70% 알코올 등 소독제로 작업 면을 닦아 청정도를 확보함
- 무균 작업 시 공기 흐름을 방해하지 않도록 조작 동작을 최소화함
- 사용 후 재차 소독·UV 멸균으로 마무리하여 교차오염을 방지함
- GMP 무균실에서는 Clean bench SOP 준수 여부를 교육·기록으로 관리함

11

Autoclave 멸균 후 생물학적 지표 검증을 하는 이유를 설명하시오.

정답 실제 미생물이 사멸되었는지 확인하기 위함임.

해설
- 화학적 지표는 온도·압력 조건 도달 여부만 확인할 수 있음
- 생물학적 지표는 내열성 포자를 이용하여 멸균 효과를 직접 입증함
- Bacillus stearothermophilus 포자가 대표적으로 사용됨
- 신뢰성이 가장 높아 GMP 밸리데이션 필수 항목으로 지정됨
- 이 결과는 멸균 공정 적격성을 증명하는 핵심 근거가 됨

12
미코플라스마(Mycoplasma)가 세포배양에 문제를 일으키는 이유를 설명하시오.

정답 세포 대사와 단백질 발현을 교란시켜 배양 신뢰성을 저하시킴.

해설
- 미코플라스마는 세포벽이 없어 필터(0.22 μm) 멸균으로도 제거되지 않음
- 감염 시 세포 성장 속도, 대사산물 농도, 단백질 발현 패턴이 왜곡됨
- 현미경 관찰로는 잘 보이지 않아 PCR 검사로 주로 확인함
- 오염이 확인되면 배양 전체를 폐기해야 함
- GMP 공정에서는 정기적인 미코플라스마 모니터링이 필수임

13
무균 조작에서 작업자의 손 위생이 중요한 이유를 설명하시오.

정답 작업자가 가장 큰 오염원으로, 손을 통한 미생물 전이가 빈번하기 때문임.

해설
- 사람은 무균 환경에서 가장 큰 오염 위험 요소임
- 손에는 상재균·환경균이 존재하여 배양 오염을 유발할 수 있음
- 70% 알코올, 손 소독제, 멸균 장갑 착용이 필수임
- SOP에서는 작업 전·중·후 손 위생 절차를 엄격히 규정함
- GMP 무균구역에서는 손 위생 교육·기록 관리가 필수임

14
무균 조작 시 반드시 지켜야 할 기본 수칙 2가지를 쓰시오.

정답 ① 멸균 도구만 사용할 것, ② 작업대 내 공기 흐름을 방해하지 않을 것

해설
- 무균 조작 성공 여부는 도구 멸균과 작업자 행동에 달려 있음
- 멸균되지 않은 물품은 즉시 오염원이 됨
- 공기 흐름을 막는 손동작·도구 배치는 오염 확산의 직접적 원인임
- 필요 없는 대화·움직임도 무균 환경에 치명적임
- GMP 기준에서는 media fill test로 작업자의 적격성을 검증함

15
멸균 필터로 제거되지 않는 대표적 미생물을 쓰시오.

정답 미코플라스마(Mycoplasma)

해설
- 미코플라스마는 크기가 작고 세포벽이 없어 0.22 μm 필터도 통과 가능함
- 세포배양 오염 시 대사 교란, 단백질 발현 왜곡 등 치명적 문제 발생
- 따라서 단순 필터 멸균만으로는 완전 제거가 불가능함
- 정기적 PCR 검사, 배양검사로 확인해야 함
- GMP 공정에서는 필터 멸균을 보조수단으로 규정하고, 무균시험을 병행함

16
세포배양에서 사용하는 배지의 기본 구성 성분 4가지를 쓰시오.

정답 탄소원, 질소원, 무기염류, 비타민

해설
- 탄소원: 포도당, 자당 등 에너지원으로 사용됨
- 질소원: 아미노산, 펩톤, 암모늄염 등이 세포 단백질 합성에 필요함
- 무기염류: K^+, Mg^{2+}, Ca^{2+} 등 이온 평형과 효소 활성에 기여함
- 비타민: 조효소 역할을 하며 성장인자로 작용함
- GMP 배양 공정에서는 배지 성분을 원료 규격서에 따라 관리함

17
멸균 공정 검증 시 사용되는 D값(Decimal reduction time)의 정의를 쓰시오.

정답 고정된 조건에서 미생물 수를 90% 줄이는 데 필요한 시간(min).

해설
- D값은 특정 온도·압력 조건에서 1 log 감소(90% 사멸)에 소요되는 시간임
- 멸균 공정의 유효성을 판단하는 핵심 지표임
- D값이 작을수록 멸균 저항성이 낮음을 의미함
- Z값과 함께 공정 적격성 평가에 활용됨
- GMP 기준에서는 멸균 밸리데이션 시 D값 시험을 의무적으로 수행함

18
세포 동결 보존 시 사용하는 보호제(cryoprotectant) 2가지를 쓰시오.

정답 글리세롤, DMSO(dimethyl sulfoxide)

해설
- 동결 시 얼음 결정 형성으로 세포막 손상이 발생함
- 글리세롤과 DMSO는 수소결합으로 얼음 결정 생성을 억제함
- 세포 내외 삼투압 균형을 유지하여 생존율을 높임
- 적정 농도 이상은 세포 독성이 있으므로 최적 농도 설정이 필요함
- GMP 세포은행에서는 동결보존액 조성 및 사용 절차를 표준화함

19
멸균 후 잔류 가스를 검증해야 하는 이유를 설명하시오.

정답 독성·발암성 가스의 안전성 확보를 위함임.

해설
- EO, 포름알데히드 등 가스 멸균 후 잔류물이 남을 수 있음
- 잔류 가스는 인체 독성과 발암 위험을 초래함
- 환기·중화 과정을 거쳐야 하며, 검출 시험을 통해 확인해야 함
- GMP 환경에서는 EO 멸균 후 반드시 잔류량 시험을 규정된 한도 내로 관리함
- 이는 완제품의 안전성·적합성을 확보하는 핵심 절차임

20
CIP(Cleaning In Place)의 개념을 설명하시오.

정답 설비를 분해하지 않고 현장에서 세척액을 순환시켜 자동 세척하는 방법.

해설
- CIP는 발효조·배관 내부를 해체하지 않고 세척액을 순환시켜 오염 제거함
- 세척제, 알칼리·산 용액, 세정수를 순차적으로 사용함
- 자동화·재현성이 뛰어나 GMP 생산 공정에서 필수임
- CIP 후 이어지는 단계가 SIP이며, 무균상태 확보에 직결됨
- GMP 규정에서는 CIP 절차·농도·세척 시간 등을 표준화하여 관리함

21

세포 배양 시 흔히 발생하는 오염원의 종류 3가지를 쓰시오.

정답 ① 세균, ② 곰팡이, ③ 마이코플라스마

해설
- 세균은 빠른 성장으로 배양액을 탁하게 만듦
- 곰팡이는 공기 중 포자에 의해 쉽게 오염됨
- 마이코플라스마는 작은 크기와 세포벽 부재로 필터도 통과함
- 오염은 세포 성장 억제, 대사 교란, 연구 신뢰성 저하를 유발함
- GMP 세포배양실에서는 정기적 오염 검사와 무균 시험이 필수임

22

세포 배양에서 배지의 pH가 적절하지 않을 경우 나타나는 문제점 2가지를 쓰시오.

정답 ① 세포 성장 억제, ② 대사 산물 축적 이상

해설
- pH는 효소 활성과 세포 내 대사 조절의 핵심 인자임
- 산성화되면 젖산 축적, 알칼리화되면 암모니아 축적이 일어남
- 이는 세포 성장 지연·사멸로 이어짐
- 버퍼 시스템(HEPES, $NaHCO_3$)을 이용해 안정화함
- GMP 공정에서는 배양 중 pH 모니터링과 제어가 자동화되어 있음

23

무균실 청정도 등급을 판정하는 기준 인자를 쓰시오.

정답 부유입자 수

해설
- 무균실 청정도는 공기 중 부유입자 수를 기준으로 판정함
- ISO 14644, GMP 규정에 따라 ≥0.5 μm, ≥5 μm 입자 개수를 기준으로 함
- 입자는 미생물 운반체 역할을 하므로 무균 상태 관리와 직결됨
- Class 100, 10,000, 100,000 등 등급별 기준이 다름
- GMP 현장에서는 입자계수기로 정기 측정 후 기록·검증함

24

미생물 동결건조 시 보호제 역할을 설명하시오.

정답 세포막 손상 방지와 단백질 안정화를 통해 생존율을 높임.

해설
- 동결 시 얼음 결정 형성은 세포 구조를 파괴함
- 보호제(트레할로스, 글리세롤 등)는 수소결합으로 얼음 결정 생성을 억제함
- 단백질·막 구조 안정화 작용으로 변성을 최소화함
- 결과적으로 보존 후에도 미생물 활성이 유지됨
- GMP 미생물 보존에서는 보호제 농도·조성 SOP가 표준화되어 있음

25

무균실에서 작업자 동선 관리가 중요한 이유를 설명하시오.

정답 작업자가 가장 큰 오염원이므로 교차오염을 예방하기 위함임.

해설
- 무균실에서는 인체에서 발생하는 입자·미생물이 주요 오염원임
- 동선이 교차하면 청정도 낮은 구역의 오염이 고등급 구역으로 전파됨
- 일방향 동선을 유지해야 오염 확산을 최소화할 수 있음
- 교육받지 않은 동선 관리 실패는 GMP 적격성에 치명적임
- GMP 기준에서는 동선도를 설계 단계에서 반영하고 CCTV로 관리하기도 함

26

배양기 멸균 전 점검해야 하는 설비관리 목적을 2가지를 쓰시오.

정답 ① 멸균 공정의 안전성 확보, ② 멸균 효과의 신뢰성 확보

해설
- 점검을 통해 설비 이상(누수, 압력 불안정 등)을 사전에 예방할 수 있음
- 설비가 정상 작동해야 설정한 조건(온도·압력·시간)이 정확히 유지됨
- 점검 누락 시 멸균 실패 및 배양액 오염으로 이어질 수 있음
- GMP 기준에서는 사전 점검 결과를 기록으로 남겨 관리함

27
멸균 과정에서 사용하는 화학적 멸균 가스의 예시를 2가지를 쓰시오.

정답 에틸렌옥사이드(EO), 과산화수소 증기(VHP)

해설
- EO는 저온 멸균이 가능하여 플라스틱·고무류 멸균에 활용됨
- VHP는 잔류 독성이 적고 친환경적이라 클린룸 멸균에 널리 사용됨
- 두 가스 모두 복잡한 구조물·배관 내부까지 침투 가능함
- 단, EO는 독성과 발암성 문제로 환기·중화 과정이 필수임
- GMP 현장에서는 EO/VHP 멸균 절차를 밸리데이션하여 사용함

28
일상점검의 정의와 실시 목적을 설명하시오.

정답 정기적으로 설비를 확인하여 이상을 조기 발견하고 사고를 예방하는 활동임.

해설
- 일상점검은 설비의 정상 작동 여부를 확인하는 기본 관리 활동임
- 소모품 교체, 압력·온도계 확인, 누수 여부 점검 등이 포함됨
- 사고·고장을 사전에 차단하여 생산 차질을 예방함
- GMP 기준에서는 일상점검을 SOP로 문서화하고 결과를 기록·보관함

29
무균 조작 시 알코올램프와 백금이 사용의 목적을 설명하시오.

정답 작업대 주변 공기 소독 및 접종 도구의 순간 멸균을 위함임.

해설
- 알코올램프 불꽃은 대류를 형성해 공기 중 미생물 침입을 줄임
- 백금이는 불꽃 가열로 순간 멸균 후 미생물 접종에 사용됨
- 간단하고 즉각적인 멸균 효과를 얻을 수 있음
- 그러나 화재 위험이 있어 무균실에서는 전기히터 대체가 권장됨
- GMP 교육에서는 알코올램프 사용 시 안전수칙 준수를 강조함

30

병원균이나 재조합물질을 여과할 때 낮은 에너지로 에어로졸 발생을 최소화하는 여과법은 무엇인가?

정답 멤브레인 여과법 (Membrane filtration)

해설
- 멤브레인 필터는 압력·진공을 최소화하여 저에너지 조건에서 여과 가능함
- 원심분리와 달리 에어로졸 발생이 적어 병원성 물질 취급에 안전함
- 0.22 μm 필터는 세균 차단, 0.1 μm 필터는 일부 바이러스 차단에 사용됨
- 안전성과 효율성이 높아 재조합 DNA, 병원성 물질 여과에 활용됨
- GMP 현장에서는 멤브레인 여과 시 생물안전 규정(BSL)에 따른 관리가 필수임

31

배양 전 멸균기 관리 시 급수 상태 확인이 중요한 이유를 설명하시오.

정답 증기 발생 안정성과 멸균 조건 유지를 위해서임.

해설
- 멸균기는 물을 가열해 발생하는 포화증기로 멸균 효과를 발휘함
- 급수가 부족하면 증기 발생량이 떨어져 멸균 조건이 불안정해짐
- 수질 불량 시 스케일·부식이 발생하여 장비 성능이 저하됨
- 따라서 멸균 전 반드시 급수량·수질을 확인해야 함
- GMP 현장에서는 사용수 규격(TOC, 전도도)을 기준으로 관리함

32

미생물 배양에서 공멸균(co-sterilization)의 개념을 설명하시오.

정답 배지와 용기를 함께 멸균하는 방법임.

해설
- 배지와 용기를 분리 멸균하지 않고 동시에 멸균기로 처리함
- 효율적이며, 무균 조작 과정을 줄여 오염 위험을 낮춤
- 고압증기멸균에서 자주 활용됨
- 다만 열 민감 첨가제는 멸균 후 무균적으로 첨가해야 함
- GMP 절차에서는 공멸균 SOP와 첨가제 첨가 공정을 구분 관리함

33

배양 준비 단계에서 자주 활용되는 멸균 가스 2종을 쓰시오.

정답 에틸렌옥사이드(EO), 과산화수소 증기(VHP)

해설
- EO는 저온 멸균이 가능해 열에 약한 재료에 적합함
- VHP는 EO보다 안전하며, 잔류 독성이 적어 클린룸 멸균에 사용됨
- 두 가스 모두 복잡한 구조물 내부까지 침투 가능함
- EO는 발암성·독성 문제로 환기와 잔류 시험이 필요함
- GMP 환경에서는 EO/VHP 멸균 모두 밸리데이션 후 사용함

34

멸균 전 점검에서 휘발성 물질 확인이 중요한 이유를 쓰시오.

정답 폭발·화재 위험을 예방하기 위함임.

해설
- 알코올, 에테르 등 휘발성 물질은 멸균기 내부에서 고온·고압 조건에서 폭발 위험을 가짐
- 남아 있으면 작업자 안전과 시설에 심각한 사고를 초래할 수 있음
- 따라서 멸균 전 반드시 제거 여부를 확인해야 함
- GMP 안전관리 항목에는 휘발성 물질 점검 절차가 포함되어 있음
- 이는 공정 안전 확보의 기본 단계임

35

자연건조법, 열풍건조법, 동결건조법, 분무건조법 중 열에 민감한 물질에 가장 적합한 방법을 고르시오.

정답 동결건조법 (Lyophilization)

해설
- 동결건조는 저온·진공 상태에서 수분을 제거하는 방법임
- 단백질, 효소, 백신 등 열에 민감한 물질 보존에 효과적임
- 구조적 안정성을 유지하면서 장기 보관이 가능함
- 다른 건조법(열풍, 분무)은 고온 노출로 인해 변성이 발생함
- GMP 공정에서는 동결건조 후 수분 함량·안정성 시험을 실시함

36
멸균기 가열 과정에서 압력밸브 점검이 필요한 이유를 설명하시오.

정답 과압 발생을 방지하여 안전을 확보하기 위함임.

해설
- 멸균기는 고온·고압 조건으로 작동하므로 압력밸브는 핵심 안전장치임
- 밸브가 막히면 압력 폭발 사고로 이어질 수 있음
- 정기 점검을 통해 압력 유지·해제 기능을 확인해야 함
- GMP 시설에서는 압력밸브 검사를 기록·관리하여 안전성을 보증함

37
멸균 전기 점검 시 작업자 안전을 위해 반드시 확인해야 할 2가지를 쓰시오.

정답 ① 접지 상태, ② 누전 여부

해설
- 멸균기는 전기 히터·펌프를 사용하므로 전기 안전 점검이 필수임
- 접지가 불량하면 감전 사고 위험이 큼
- 누전 차단기 작동 여부를 반드시 확인해야 함
- GMP 환경에서는 전기 점검 항목을 SOP에 포함시켜 관리함

38
고형물 제제의 수분 형태 3가지를 쓰고, 결정수 분석 방법을 설명하시오.

정답
- 수분 형태 : ① 결정수, ② 흡착수, ③ 모세관수
- 분석 방법 : Karl Fischer 적정법 또는 열중량분석법(TGA)

해설
- 결정수 : 결정 구조 내에 결합된 물
- 흡착수 : 입자 표면에 물리적으로 붙은 물
- 모세관수 : 입자 간 공간에 존재하는 물
- Karl Fischer 적정법은 미량 수분까지 정밀 측정 가능
- TGA는 가열 시 질량 감소를 분석해 수분 함량을 측정함
- GMP 분석실에서는 두 방법 모두 밸리데이션 후 적용함

39
멸균 시 강열잔분시험법이 필요한 목적을 설명하시오.

정답 멸균 후 잔류 무기질·불순물 함량을 확인하기 위함임.

해설
- 고온에서 시료를 태운 뒤 남는 무기 성분을 측정함
- 멸균 과정 중 기구·시약에서 오염된 불순물을 검출 가능함
- 멸균수, 멸균기구의 청정도 확인에 활용됨
- GMP에서는 강열잔분시험을 정기적으로 수행하여 청정 수준을 관리함

40
배양액 제조 시 몰농도의 정의와 단위를 정확히 쓰시오.

정답 용액 1L에 포함된 용질의 몰 수 (mol/L, M)

해설
- 몰농도(Molarity, M)는 용질 몰 수 ÷ 용액 부피(L)로 정의됨
- 단위는 mol/L 또는 M으로 표기함
- 배양액 조성 시 정확한 농도 조절에 필수적임
- GMP 공정에서는 제조기록서에 몰농도를 명확히 기록하여 재현성을 확보함

41
미생물 동결건조 시 보호제로 자주 사용되는 물질을 2가지 쓰시오.

정답 트레할로스, 글리세롤

해설
- 동결 시 세포 내 얼음 결정 형성으로 세포막 손상이 발생함
- 트레할로스는 세포막 인지질과 상호작용하여 구조를 안정화함
- 글리세롤은 삼투압을 완충하여 세포 내외 수분 이동을 조절함
- 두 보호제 모두 세포 생존율을 높이는 효과가 있음
- GMP 세포은행에서는 보호제 농도·조성을 표준화하여 관리함

42

무균실 작업 전 청정도 점검이 필요한 이유를 설명하시오.

정답 공기 중 입자와 미생물 오염 가능성을 사전에 차단하기 위함임.

해설
- 무균실 청정도는 공정 품질과 직결됨
- 점검을 통해 청정도 기준 이상 입자가 발견되면 작업을 중단해야 함
- 입자는 미생물 운반체 역할을 하여 오염 위험을 높임
- ISO 14644 기준에 따라 ≥0.5 μm, ≥5 μm 입자를 모니터링함
- GMP에서는 작업 전 청정도 시험을 SOP 절차로 문서화함

43

배양 준비 단계에서 멸균 검증을 위해 사용하는 지표 미생물을 1가지 쓰시오.

정답 Bacillus stearothermophilus 포자

해설
- 내열성이 강해 멸균 효과 검증용으로 사용됨
- 포자가 살아남으면 멸균 공정이 불완전하다는 것을 의미함
- 화학적 지표보다 신뢰성이 높아 표준 지표로 활용됨
- 멸균 밸리데이션, 주기적 모니터링 시험에 필수임
- GMP 규정에서는 생물학적 지표 결과를 반드시 기록·보관해야 함

44

무균 조작 시 Clean bench 내에서 작업 순서가 중요한 이유를 설명하시오.

정답 청정 공기 흐름을 유지하여 오염 확산을 방지하기 위함임.

해설
- Clean bench는 HEPA 필터를 통해 일정 방향의 공기 흐름을 형성함
- 작업 순서를 잘못 지키면 공기 흐름이 교란되어 오염 위험이 증가함
- 멸균 도구 → 시료 → 폐기물 순으로 작업하여 오염 확산을 최소화함
- 불필요한 손동작·도구 배치는 금지해야 함
- GMP 현장에서는 작업 순서를 미디어 필 시험으로 검증함

45

무균실에서 Air shower를 사용하는 목적을 설명하시오.

정답 작업자가 착의 후 외부 오염원을 제거하기 위함임.

해설
- Air shower는 고속 공기 분사로 의복 표면 입자·먼지를 제거함
- 무균실 입실 전 필수 단계로, 교차오염 방지에 효과적임
- 작업자가 가장 큰 오염원이라는 점을 제어하는 장치임
- HEPA 필터로 걸러진 청정 공기를 사용하여 재오염을 방지함
- GMP 시설 설계 시 Air shower는 필수 설치 항목임

46

무균 조작 시 작업자가 착용하는 멸균 가운의 목적을 설명하시오.

정답 작업자가 발생시키는 입자·미생물을 차단하여 무균 환경을 유지하기 위함임.

해설
- 작업자는 가장 큰 오염원으로, 의복에서 많은 입자가 떨어짐
- 멸균 가운은 HEPA 여과 공기와 결합하여 청정 환경을 유지함
- 올바른 착의 절차가 지켜지지 않으면 교차오염 위험이 증가함
- GMP 규정에서는 무균 구역 입실 전 착·탈의 절차를 SOP로 지정함

47

무균 조작에서 멸균 필터(0.22 μm)의 사용 목적을 설명하시오.

정답 세균 제거를 통한 무균 용액 제조를 위함임.

해설
- 0.22 μm 멤브레인 필터는 세균과 대부분의 진균 포자를 차단함
- 열에 민감한 물질(항생제, 혈청 등)의 멸균에 적합함
- 그러나 바이러스, 미코플라스마는 통과할 수 있으므로 한계가 있음
- GMP 공정에서는 필터 적합성 시험(무균시험, 무결성 시험)을 반드시 수행함

48
무균실 내 차압 유지가 중요한 이유를 설명하시오.

정답 청정도가 높은 구역으로 오염 공기가 유입되는 것을 방지하기 위함임.

해설
- 무균실은 일반 구역보다 양압을 유지해야 함
- 공기는 오염원이므로 압력차로 흐름 방향을 제어함
- 차압 상실 시 미생물 · 먼지가 고청정 구역으로 들어와 오염됨
- GMP 시설에서는 차압을 10 ~ 15 Pa 이상 차등 유지하도록 규정함

49
미생물 배양 시 사용하는 배지의 멸균법을 고르고 이유를 설명하시오.

정답 고압증기멸균법(Autoclave) – 영양성분 파괴가 적고 확실한 멸균 효과가 있기 때문임.

해설
- 배지는 수분을 포함하고 있어 습열 멸균이 적합함
- 고압증기멸균(121℃, 15분)은 대부분의 세균 · 포자를 사멸함
- 건열멸균은 시간이 오래 걸리고 영양 성분 변성이 심함
- 화학멸균은 배지 성분에 잔류 독성을 남길 수 있음
- GMP 환경에서는 배지 멸균 시 D값 · F_0값을 기준으로 검증함

50
무균 시험(media fill test)의 목적을 설명하시오.

정답 실제 무균 공정이 오염 없이 수행되는지를 검증하기 위함임.

해설
- 멸균 배지를 이용하여 실제 생산 조건과 동일하게 작업함
- 일정 기간 배양 후 미생물이 검출되지 않으면 무균성이 입증됨
- 작업자 동작, 환경 조건, 설비 적격성을 종합적으로 검증함
- GMP 무균제제 제조에서는 media fill test를 주기적으로 실시해야 함
- 이는 작업자와 공정 적격성을 평가하는 대표적 시험임

51
무균 조작 시 사용되는 소독제의 대표적 예시 2가지를 쓰시오.

정답 70% 에탄올, 차아염소산나트륨(NaOCl)

해설
- 70% 에탄올은 단백질 변성과 지질막 파괴로 빠른 살균 효과가 있음
- 차아염소산나트륨은 산화 작용으로 세균·바이러스·곰팡이에 효과적임
- 사용 환경·대상에 따라 농도와 적용 시간이 달라짐
- GMP 무균실에서는 소독제 교차 사용을 통해 내성 발생을 방지함

52
무균 조작 시 장비 소독 후 반드시 확인해야 할 사항은 무엇인가?

정답 소독제 잔류 여부

해설
- 소독제 잔류는 세포·제품에 독성을 유발할 수 있음
- 멸균수로 헹굼 또는 증발 확인 절차가 필요함
- 특히 염소계 소독제는 단백질 변성 위험이 큼
- GMP 규정에서는 소독제 잔류 시험 항목을 포함해 관리함

53
배양 준비 단계에서 작업자 교육이 중요한 이유를 설명하시오.

정답 작업자가 가장 큰 오염원이므로, 교육을 통해 무균 조작 습관을 강화하기 위함임.

해설
- 무균 조작의 성공 여부는 작업자의 행동에 크게 의존함
- 손 위생, 착·탈의 절차, 동선 준수 등 기본 교육이 필수임
- 교육이 부족하면 배양 오염, 시험 실패, 품질 불량으로 이어짐
- GMP 시설에서는 교육 이수 여부를 기록하고 정기 재교육을 시행함

54
멸균 공정에서 사용하는 Z값의 정의를 쓰시오.

정답 D값이 10배 변화하는 데 필요한 온도 상승 값(℃).

해설
- Z값은 미생물의 열저항성을 나타내는 지표임
- 온도가 높아질수록 사멸 속도가 빨라짐을 의미함
- D값과 함께 F_0값 산출에 활용됨
- GMP 밸리데이션에서는 멸균 조건 설정의 과학적 근거로 사용됨

55
무균 작업대에서 사용되는 HEPA 필터의 성능 기준을 쓰시오.

정답 ≥0.3 μm 입자에 대해 99.97% 이상 제거

해설
- HEPA 필터는 부유입자를 제거해 무균 환경을 조성함
- ≥0.3 μm 크기의 입자를 가장 제거하기 어려운 기준으로 설정함
- Clean bench, Air shower, 무균실 천장 등에 설치됨
- GMP 무균실에서는 HEPA 필터 무결성 시험(도파시험 등)을 정기적으로 수행함

56
무균 조작 시 사용하는 멸균 장갑의 목적을 설명하시오.

정답 작업자의 손에서 발생하는 오염원을 차단하여 무균 환경을 유지하기 위함임.

해설
- 사람 손은 가장 큰 오염원으로, 상재균과 입자가 지속적으로 발생함
- 멸균 장갑은 세포 · 배양액 오염을 차단하는 1차 방어막임
- 착용 전 알코올 소독을 통해 2중 차단 효과를 확보함
- GMP 무균실에서는 멸균 장갑 착용 절차를 SOP로 지정해 관리함

57

무균 작업 시 멸균수를 사용하는 이유를 설명하시오.

정답 소독제 잔류나 이물 오염을 방지하고, 무균 상태를 유지하기 위함임.

해설
- 멸균수는 미생물이 제거된 상태로, 무균 작업 시 용기 세척·희석에 사용됨
- 일반수 사용 시 오염원이 혼입될 위험이 있음
- 소독 후 최종 헹굼 단계에 멸균수를 사용해 잔류 소독제를 제거함
- GMP에서는 멸균수 수질 시험(엔도톡신, 미생물수)을 정기적으로 수행함

58

멸균 공정에서 사용되는 F_0 값의 의미를 설명하시오.

정답 121℃ 기준에서 멸균 효과를 누적 시간으로 환산한 값임.

해설
- F_0는 121℃에서의 등가 멸균 시간을 의미함
- 서로 다른 온도·시간 조건을 비교할 때 사용됨
- D값, Z값과 함께 멸균 유효성 평가에 핵심 지표임
- GMP에서는 $F_0 \geq 12$ min 확보를 멸균 조건의 기준으로 삼음

59

멸균 공정에서 생물학적 지표가 화학적 지표보다 중요한 이유를 설명하시오.

정답 실제 미생물 사멸 여부를 직접 확인할 수 있기 때문임.

해설
- 화학 지표는 온도·압력 조건 도달만 확인 가능함
- 생물학적 지표는 내열성 포자 생존 여부로 멸균 성공을 판정함
- Bacillus stearothermophilus 포자가 대표적임
- 신뢰도가 높아 멸균 밸리데이션에 반드시 포함됨
- GMP 기준에서는 화학 지표와 병행하되 생물학적 지표를 최종 판정 근거로 삼음

60
세포 동결보존 후 해동 시 주의사항을 2가지 쓰시오.

정답 ① 급속 해동, ② 보호제(DMSO 등) 신속 제거

해설
- 동결 세포는 급속 해동해야 얼음 결정 재형성을 막을 수 있음
- 보호제(DMSO, 글리세롤)는 세포독성이 있으므로 해동 후 즉시 희석·제거해야 함
- 해동 과정에서 온도 지연은 세포 생존율을 크게 낮춤
- GMP 세포은행에서는 해동 절차를 SOP로 규정하여 재현성을 확보함

61
세포 동결보존 시 사용되는 Cryoprotectant(보호제)의 역할을 설명하시오.

정답 얼음 결정 형성을 억제하여 세포막 손상을 방지하고 생존율을 높임.

해설
- 동결 시 세포 내외 삼투압 차이로 얼음 결정이 형성되면 세포가 파괴됨
- Cryoprotectant(DMSO, 글리세롤 등)는 수소결합으로 얼음 결정 생성을 억제함
- 세포막과 단백질 구조를 안정화시켜 동결·해동 후에도 활성을 유지함
- GMP 세포은행에서는 보호제 농도를 SOP로 규정해 관리함

62
무균 작업 환경에서 HEPA 필터 성능 시험(무결성 시험)을 수행하는 목적은 무엇인가?

정답 청정 공기 유지 여부를 검증하기 위함임.

해설
- HEPA 필터는 ≥0.3 μm 입자를 99.97% 이상 제거해야 함
- 손상·누설이 발생하면 무균 환경 유지가 불가능해짐
- 무결성 시험(DOP test, PAO test)으로 성능을 정기적으로 검증함
- GMP 시설에서는 시험 결과를 기록·보관하여 추적 가능성을 확보함

63
배양실 내 차압 유지가 중요한 이유를 설명하시오.

정답 외부 오염 공기가 고청정 구역으로 유입되는 것을 방지하기 위함임.

해설
- 무균실은 인접 구역보다 항상 양압을 유지해야 함
- 차압이 유지되어야 공기가 청정 구역에서 비청정 구역으로 흐름
- 차압이 상실되면 미생물·먼지가 유입되어 오염 위험이 커짐
- GMP 설계 기준에서는 구역 간 10 ~ 15 Pa 이상 차압 유지가 규정됨

64
배양 준비 단계에서 사용되는 멸균수(WFI)의 품질 기준을 2가지 쓰시오.

정답 ① 엔도톡신 ≤ 0.25 EU/mL, ② 미생물수 ≤ 10 CFU/100 mL

해설
- 주사용수(WFI)는 가장 엄격한 수질 기준이 요구됨
- 엔도톡신은 발열 반응을 유발하므로 정량 시험으로 관리해야 함
- 미생물수 기준은 무균 상태를 유지하기 위한 최소 요구 조건임
- GMP 규정에서는 전도도·TOC(총유기탄소) 시험도 포함해 관리함

65
무균 작업에서 Media fill test를 수행하는 목적을 설명하시오.

정답 실제 생산 조건에서 무균 공정이 오염 없이 수행되는지를 검증하기 위함임.

해설
- 멸균 배지를 충전·배양하여 일정 기간 오염 여부를 확인함
- 작업자 동작, 설비 상태, 환경 조건을 종합적으로 검증함
- 미생물이 검출되지 않으면 공정 적격성이 입증됨
- GMP 무균제제 제조에서는 Media fill test를 주기적으로 실시해야 함

66
세포 동결건조 시 사용하는 보호제의 역할을 설명하시오.

정답 세포막 손상과 단백질 변성을 방지하여 생존율을 높임.

해설
- 동결 시 얼음 결정이 세포 구조를 파괴할 수 있음
- 보호제(트레할로스, 글리세롤 등)는 수소결합으로 얼음 결정 생성을 억제함
- 단백질·막 구조 안정화 작용으로 변성을 줄임
- 결과적으로 보존 후에도 세포 활성이 유지됨
- GMP 세포은행에서는 보호제 종류와 농도를 표준화해 관리함

67
무균실 내 온·습도 관리가 중요한 이유를 설명하시오.

정답 미생물 성장 억제와 청정도 유지를 위해서임.

해설
- 온도가 높으면 세균·곰팡이 성장 위험이 커짐
- 습도가 높으면 응결·곰팡이 발생으로 청정도가 저하됨
- 일정한 온·습도는 작업자의 쾌적성과 장비 안정성에도 중요함
- GMP 무균실은 일반적으로 18~25℃, 45~60% RH로 유지됨
- 환경 모니터링 기록을 통해 관리 기준 준수 여부를 검증함

68
무균 작업 시 사용하는 Air shower의 목적을 설명하시오.

정답 작업자 착의 후 의복 표면의 입자·미생물을 제거하기 위함임.

해설
- Air shower는 고속의 청정 공기를 분사하여 의복 표면 오염을 제거함
- 무균실 입실 전 필수 단계로 교차오염 방지에 효과적임
- HEPA 필터를 통과한 공기를 사용해 재오염을 방지함
- GMP 시설에서는 Air shower 운영을 입실 SOP에 포함시킴
- 입·출입자 모니터링 기록을 통해 관리됨

69
무균 작업 시 작업자의 동선 관리가 중요한 이유를 설명하시오.

정답 작업자가 가장 큰 오염원이므로 교차오염을 방지하기 위함임.

해설
- 작업자는 상재균·입자를 지속적으로 발생시킴
- 동선이 교차하면 오염원이 청정구역으로 유입될 위험이 큼
- 일방향 동선을 유지해야 청정도 관리가 용이함
- GMP 시설 설계 단계에서 동선 분리를 반영함
- CCTV 등으로 동선 준수 여부를 점검하기도 함

70
멸균 공정 밸리데이션에서 Media fill test의 목적을 설명하시오.

정답 실제 생산 조건에서 무균 공정이 오염 없이 수행되는지를 검증하기 위함임.

해설
- 멸균 배지를 충전하여 실제 공정과 동일하게 작업함
- 일정 기간 배양 후 미생물이 검출되지 않아야 무균성이 입증됨
- 작업자 동작, 환경 조건, 설비 적격성을 종합적으로 확인할 수 있음
- GMP 무균제제 제조에서는 Media fill test를 주기적으로 실시함
- 이는 무균 공정 적격성 평가의 핵심 시험임

02 생산 세포 준비

01
동물세포 배양 시 사용되는 대표적 배지 조성 성분 4가지를 쓰시오.

정답 아미노산, 비타민, 무기염류, 혈청 성분(FBS 등)

해설
- 세포 배양 배지는 세포 성장과 단백질 발현을 위한 영양원을 공급함
- 아미노산은 단백질 합성의 기본 원료, 비타민은 조효소 역할을 수행함
- 무기염류(K^+, Na^+, Ca^{2+}, Mg^{2+} 등)는 삼투압 유지 및 효소 활성 조절에 중요함
- 혈청(FBS)은 성장인자 · 호르몬을 포함해 세포 성장 촉진에 필수적임
- GMP 배양에서는 무혈청 배지(serum-free medium) 사용으로 변동성을 줄이는 경향이 있음

02
세포 배양 중 pH 유지가 중요한 이유와 이를 조절하는 방법을 설명하시오.

정답 세포 대사 안정성을 확보하기 위함이며, $NaHCO_3$-CO_2 버퍼 시스템 또는 HEPES 버퍼로 조절함.

해설
- pH는 세포 내 효소 활성, 대사 산물 균형에 직접적으로 영향을 줌
- pH가 산성화되면 젖산 축적, 알칼리화되면 암모니아 축적이 발생함
- $NaHCO_3$-CO_2 완충계는 흔히 사용되는 기본 시스템임
- HEPES는 대기 CO_2 영향 없이 안정적인 pH 유지가 가능해 연구용 배지에서 많이 사용됨
- GMP 공정에서는 pH 모니터링 센서를 통한 자동 제어가 필수임

03

세포 동결 보존 후 해동 시 급속 해동을 실시해야 하는 이유를 설명하시오.

정답 얼음 결정 재형성을 억제하여 세포막 손상을 방지하기 위함임.

해설
- 해동 속도가 느리면 세포 내외 수분이 재결정화되어 세포막 파괴가 발생함
- 급속 해동은 얼음이 형성되기 전에 세포를 안정적으로 해동시킴
- 보호제(DMSO, 글리세롤)는 해동 후 즉시 제거해야 세포 독성을 줄일 수 있음
- 세포은행에서는 SOP에 따라 정해진 시간·방법으로 해동함
- GMP에서는 해동 절차를 밸리데이션하여 재현성을 확보함

04

세포 배양 중 오염 발생 시 가장 먼저 확인해야 할 방법 2가지를 쓰시오.

정답 ① 현미경 검경, ② 배양액 색·탁도 확인

해설
- 현미경으로 세포 형태·부유 세균·곰팡이 존재 여부를 신속히 확인할 수 있음
- 배양액 색 변화(페놀레드 지시약)와 혼탁도는 오염 지표임
- 세균·곰팡이·마이코플라스마 등 다양한 오염원이 존재할 수 있음
- 오염 확인 시 즉시 배양을 폐기하고, 원인 추적을 위한 환경 모니터링을 수행해야 함
- GMP 환경에서는 오염 발생 기록·보고 체계를 엄격히 준수함

05

연속배양(chemostat)에서 희석율(D, dilution rate)의 정의를 쓰고, 세포 성장과의 관계를 설명하시오.

정답 배지 유입속도(F)/배양액 부피(V)로 정의되며, 세포 성장속도(μ)와 평형을 이룸.

해설
- $D = F/V$ (h^{-1})로 정의되며, 단위 시간당 배양액 교환율을 의미함
- chemostat 정상 상태에서는 세포 성장속도(μ) = 희석율(D)로 유지됨
- D가 너무 크면 세포가 wash out(배양기에서 빠져나감)됨
- D가 너무 작으면 성장속도가 제한되어 생산성이 저하됨
- GMP 생물공정에서는 희석율을 최적화하여 생산성과 안정성을 동시에 확보함

06

동물세포 배양 시 사용하는 CO_2 인큐베이터의 목적을 설명하시오.

정답 세포 배양에 적합한 온도 · 습도 · pH 환경을 유지하기 위함임.

해설
- 인큐베이터는 37℃, 5% CO_2, 95% 습도를 기본 조건으로 유지함
- CO_2는 $NaHCO_3$-CO_2 완충계를 통해 배지의 pH를 안정적으로 조절함
- 습도 유지로 배양액 증발을 방지함
- GMP 시설에서는 CO_2 인큐베이터의 온 · 습도 · CO_2 농도를 자동 기록 관리함

07

세포 배양 시 사용되는 트립신(trypsin)의 역할을 설명하시오.

정답 세포-세포 간, 세포-기질 간 결합을 분해하여 세포를 부유 상태로 만드는 효소임.

해설
- 부착세포를 계대배양(passaging)할 때 세포를 분리하는 데 사용됨
- 트립신은 단백질 분해효소로, 세포 표면 단백질을 절단함
- 과도한 처리 시 세포 손상이 발생하므로 반응 시간을 제한해야 함
- GMP 환경에서는 동물 유래 트립신 대신 재조합 효소를 권장함

08

원핵세포와 진핵세포의 주요 차이점 2가지를 쓰시오.

정답
① 원핵세포는 핵막이 없고, 진핵세포는 핵막이 있음.
② 원핵세포는 소기관이 없고, 진핵세포는 세포 소기관이 발달되어 있음.

해설
- 원핵세포(세균)는 DNA가 세포질에 존재하며 단순 구조를 가짐
- 진핵세포(동물 · 식물)는 핵, 미토콘드리아, 소포체 등 다양한 소기관을 가짐
- 진핵세포는 복잡한 대사 · 조절 기능을 수행할 수 있음
- GMP 생산에서는 보통 포유동물 세포(CHO, HEK293 등 진핵세포)가 사용됨

09

동물세포 배양에서 흔히 사용하는 세포주(cell line)의 예를 2가지 쓰시오.

정답 CHO 세포주, HEK293 세포주

해설
- CHO 세포주(Chinese Hamster Ovary)는 단백질 의약품 생산에 가장 널리 사용됨
- HEK293 세포주는 인간 신장 유래 세포로, 바이러스 벡터 생산에 주로 이용됨
- 두 세포주는 유전적 안정성과 높은 발현율로 산업 현장에서 표준화됨
- GMP 생산에서는 세포주의 출처·특성 검증을 통해 적격성을 확보해야 함

10

세포 배양 시 발생할 수 있는 대사 부산물 2가지를 쓰고, 문제가 되는 이유를 설명하시오.

정답 젖산(lactate), 암모니아(ammonia) – 세포 성장 억제와 단백질 발현 저해 요인임.

해설
- 세포는 포도당을 과잉 소비할 경우 젖산을 축적함 → 배지 산성화(pH 저하)
- 글루타민 분해 과정에서 암모니아가 발생함 → 세포 독성 및 단백질 변성 유발
- 두 부산물은 세포 성장과 생산성에 치명적 영향을 미침
- GMP 생산에서는 공급원료 농도 제어, perfusion 배양 등을 통해 축적을 최소화함

11

세포 배양에서 사용하는 Laminar flow hood의 목적을 설명하시오.

정답 무균 공기를 공급하여 세포와 작업자를 보호하기 위함임.

해설
- HEPA 필터로 여과된 공기를 일정한 방향으로 흐르게 하여 입자·미생물을 제거함
- 세포 시료는 오염으로부터, 작업자는 병원성 시료로부터 보호됨
- Class II hood는 제품·작업자 모두 보호하는 대표 장비임
- GMP 무균실에서는 설치 후 정기적 무결성 시험으로 성능을 검증함

12

동물세포 배양에서 사용되는 혈청(FBS)의 단점 2가지를 쓰시오.

정답 ① 배치 간 성분 변동성, ② 잠재적 바이러스 · 프리온 오염 위험

해설
- 혈청은 세포 성장인자를 공급하지만 성분이 일정치 않아 재현성이 떨어짐
- 동물 유래이므로 잠재적 오염 위험(바이러스, 프리온 등)이 존재함
- GMP 현장에서는 혈청대체제(serum-free medium) 사용을 권장하는 추세임
- 따라서 혈청은 연구용에, 무혈청 배지는 산업 생산용에 주로 사용됨

13

Hybridoma 기술에서 세포융합에 사용되는 대표적 물질은 무엇인가?

정답 PEG (Polyethylene glycol)

해설
- PEG는 세포막을 일시적으로 융해시켜 서로 다른 세포가 융합되도록 도움
- Hybridoma는 B세포와 종양세포를 융합하여 단일클론항체 생산에 사용됨
- 융합 후 HAT 배지에서 선택 배양하여 목적 세포만 생존시킴
- GMP 항체 생산에서는 hybridoma보다 재조합 CHO 세포주가 주류지만, 기초원리로 여전히 중요함

14

세포 배양 시 마이코플라스마 오염이 문제가 되는 이유를 설명하시오.

정답 세포 성장 · 대사에 영향을 주면서도 눈에 보이지 않아 장기간 오염을 유발하기 때문임.

해설
- 마이코플라스마는 세포 내에 기생하면서 성장속도 · 단백질 발현을 저해함
- 현미경으로 보이지 않아 검출이 어렵고, 오염이 수개월 지속될 수 있음
- PCR, ELISA, DNA 염색법으로 정기 검사해야 함
- GMP 공정에서는 마이코플라스마 시험을 방출시험 항목으로 의무화함

15

세포 배양 시 사용하는 계대배양(passaging)의 목적을 설명하시오.

정답 과밀 상태를 방지하고 세포를 건강하게 유지하여 지속적인 배양을 가능하게 하기 위함임.

해설
- 세포가 일정 밀도를 초과하면 성장 억제와 세포사멸이 발생함
- 계대배양은 일정 밀도의 세포를 새로운 배지로 옮겨 성장 여유를 부여함
- 세포의 유전자 안정성과 발현 특성을 유지하는 데 필수임
- GMP 세포은행 관리에서는 계대수(passage number)를 엄격히 기록해 관리함

16

동물세포 배양에서 사용하는 Spinner flask의 목적을 설명하시오.

정답 부유세포를 균일하게 혼합하고 산소 · 영양분 공급을 원활히 하기 위함임.

해설
- Spinner flask는 교반 장치가 있어 세포 · 배지를 고르게 섞음
- 부유세포가 침강하지 않고 균일하게 분포할 수 있음
- 소규모 연구용 배양 및 공정 최적화에 자주 사용됨
- GMP 생산 전 단계에서 파일럿 배양 시스템으로 활용됨

17

세포 배양 시 흔히 사용하는 항생제 2가지를 쓰고, 사용 목적을 설명하시오.

정답 ① 페니실린, ② 스트렙토마이신 – 세균 오염 방지를 위해 사용함.

해설
- 페니실린은 세균 세포벽 합성을 억제, 스트렙토마이신은 단백질 합성을 저해함
- 배양 초기 오염 방지용으로 사용되지만, 과도한 의존은 내성 문제를 유발함
- GMP 공정에서는 원칙적으로 항생제를 사용하지 않고 무균 관리로 오염을 차단함

18
세포 배양에서 사용하는 Perfusion 배양의 특징을 설명하시오.

정답 배양액을 지속적으로 교환하여 고밀도 세포 배양을 유지하는 방식임.

해설
- 폐쇄형 시스템에서 영양분을 공급하고 노폐물을 제거함
- 세포 밀도를 높게 유지할 수 있어 단백질 생산성이 향상됨
- 연속적인 생산이 가능하여 바이오의약품 대량 생산에 적합함
- GMP 공정에서는 perfusion 시스템의 여과막 · 배관 무결성이 핵심 관리 항목임

19
세포 배양 시 교반 속도가 너무 빠를 경우 발생할 수 있는 문제를 설명하시오.

정답 세포막 손상 및 세포 사멸을 초래할 수 있음.

해설
- 동물세포는 세포막이 약해 전단응력(shear stress)에 민감함
- 교반 속도가 빠르면 세포가 기포와 충돌하여 파괴됨
- 보호제(Pluronic F-68 등)를 첨가하면 전단응력 완화 가능함
- GMP 배양기에서는 교반 속도를 최적화하여 세포 생존율을 유지함

20
세포 배양에서 사용되는 Fed-batch 배양의 장점을 설명하시오.

정답 영양분을 점진적으로 공급하여 부산물 축적을 줄이고 생산성을 높일 수 있음.

해설
- 초기 배지에 모든 영양분을 넣지 않고, 일정 시간 간격으로 보충함
- 포도당 · 글루타민 농도를 조절하여 젖산 · 암모니아 축적을 최소화함
- Batch 배양보다 생산 기간과 세포밀도를 늘릴 수 있음
- GMP 의약품 생산에서는 Fed-batch가 표준 방식으로 널리 활용됨

21

세포 배양에서 사용하는 Roller bottle의 특징을 설명하시오.

정답 병을 회전시켜 배양 표면적을 넓혀 다량의 부착세포를 배양할 수 있음.

해설
- 병이 천천히 회전하면서 세포가 자라는 표면이 넓게 노출됨
- 배양액이 얇게 분포되어 산소·영양분 교환이 효율적임
- 대량 백신 생산 등에 사용된 전통적 방법임
- 현재는 바이오리액터로 대체되지만 교육·연구용으로 여전히 활용됨

22

세포 배양 시 사용되는 생물반응기(bioreactor)의 장점을 2가지 쓰시오.

정답 ① 대량 생산 가능, ② 공정 변수(온도·pH·DO 등) 제어 용이

해설
- Bioreactor는 교반·가스 공급·센서 제어가 가능하여 일정한 환경을 유지함
- 대량 생산에 적합하며, 일관된 품질의 제품 생산이 가능함
- GMP 공정에서는 CIP/SIP 시스템을 통해 자동 세척·멸균이 가능해야 함

23

세포 배양에서 사용하는 Cryovial(동결 바이알)의 목적을 설명하시오.

정답 세포를 장기 보존하기 위해 극저온 상태에서 안전하게 저장하기 위함임.

해설
- Cryovial은 액체질소 탱크(-196℃)에 보관하여 세포의 대사를 중단시킴
- 특수 재질로, 극저온에서도 파손되지 않음
- GMP 세포은행에서는 Cryovial에 세포주명, 계대수, 날짜 등을 표시하여 관리함

24
세포 배양 시 용존산소(DO, Dissolved Oxygen) 농도를 제어해야 하는 이유를 설명하시오.

정답 세포 대사와 단백질 발현에 직접적인 영향을 주기 때문임.

해설
- DO가 부족하면 세포가 혐기성 대사로 전환되어 젖산 축적이 심해짐
- DO가 과잉이면 활성산소(ROS) 생성으로 세포 손상을 유발함
- 따라서 30~60% 범위에서 제어하는 것이 일반적임
- GMP 배양기에서는 DO 센서를 통해 가스 공급(O_2/air/CO_2/N_2)을 자동 제어함

25
세포 배양에서 사용하는 Passage number(계대수)의 의미를 설명하시오.

정답 세포가 분리·배양된 횟수를 나타내는 지표임.

해설
- 세포는 계대가 반복될수록 유전적·표현형적 변화가 축적됨
- 일정 계대수 이상이 되면 단백질 발현량·성장이 불안정해짐
- 연구용 세포는 보통 20~30 passage 이내에서 사용함
- GMP 세포은행에서는 최대 허용 계대수를 규정하고, 기록·추적 관리함

26
동물세포 배양에서 흔히 사용하는 CHO 세포주의 장점을 2가지 쓰시오.

정답 ① 외래 유전자 발현 효율이 높음, ② 단백질 당쇄(glycosylation) 패턴이 인간과 유사함.

해설
- CHO(Chinese Hamster Ovary) 세포는 단백질 의약품 생산의 표준 세포주임
- 대량 배양에서도 안정적으로 성장하고 유전자 도입이 용이함
- 사람과 유사한 당쇄 구조를 갖기 때문에 치료용 단백질 품질이 우수함
- GMP 공정에서는 세포은행(MCB, WCB) 시스템으로 장기 관리함

27

Suspension cell culture(부유세포 배양)의 장점을 설명하시오.

정답 대량 배양에 적합하고, 계대배양이 간단함.

해설
- 부유세포는 표면 부착이 필요 없어 대형 배양기에 쉽게 적용됨
- 기계적 교반으로 균일하게 분포해 산소·영양분 공급이 원활함
- 부착세포보다 대량 생산 효율이 높음
- GMP 생산에서 항체·백신 등 대부분 부유세포 계통을 활용함

28

세포 배양에서 Serum-free medium(무혈청 배지)의 장점을 2가지 쓰시오.

정답 ① 배치 간 성분 변동성이 적음, ② 오염 위험이 줄어듦.

해설
- 혈청은 동물 유래 성분으로 변동성과 잠재 오염 위험이 큼
- 무혈청 배지는 성분이 화학적으로 규정되어 있어 재현성이 높음
- 바이러스·프리온 등 생물학적 오염원을 배제할 수 있음
- GMP 산업 생산에서는 무혈청 배지가 표준으로 자리잡고 있음

29

세포 배양 시 사용하는 DO 센서의 원리를 간단히 설명하시오.

정답 용존산소가 전극 또는 광학센서에서 환원·발광 반응을 일으켜 농도를 측정함.

해설
- 전극식(Clark-type)은 산소가 막을 투과해 전기화학적 환원 전류를 측정함
- 광학식은 산소가 형광 발광 소거(quenching)를 일으키는 원리를 이용함
- DO 센서는 실시간 모니터링으로 산소 농도 제어에 활용됨
- GMP 배양기에서는 센서 검·교정을 정기적으로 수행해 신뢰성을 확보함

30

세포 배양에서 Mycoplasma 오염 검출에 사용되는 대표적 방법 2가지를 쓰시오.

정답 ① PCR 검사, ② DNA 염색법(Hoechst staining)

해설
- Mycoplasma는 크기가 작고 현미경으로 관찰하기 어려움
- PCR은 특이적 DNA 서열을 증폭해 높은 민감도로 검출 가능함
- Hoechst 염색은 세포 내 DNA 결합 형광을 통해 오염을 확인할 수 있음
- GMP 생산에서는 정기적인 Mycoplasma 시험을 의무적으로 수행함

31

세포 배양 시 사용하는 Trypan blue 염색의 목적을 설명하시오.

정답 세포 생존율을 측정하기 위함임.

해설
- Trypan blue는 살아 있는 세포는 염색되지 않고, 죽은 세포만 염색됨
- 세포막 투과성 차이를 이용한 간단한 방법임
- Hemocytometer와 병행하여 총세포수와 생존세포수를 계산함
- GMP 연구실에서는 세포 생존율 ≥ 80%를 기준으로 적합성을 평가함

32

세포주 특성 시험(Cell line characterization)의 목적을 설명하시오.

정답 세포의 유전적 안정성과 오염 여부를 확인하기 위함임.

해설
- 장기간 배양 시 세포 특성이 변할 수 있음
- STR 분석, Karyotyping 등을 통해 유전적 안정성을 평가함
- 세균, 곰팡이, Mycoplasma 오염 여부도 반드시 검사함
- GMP 세포은행에서는 정기적 특성 시험으로 품질 일관성을 보증함

33

세포 배양에서 사용하는 Bioreactor의 Scale-up 시 고려해야 할 주요 인자 2가지를 쓰시오.

정답 ① 산소 전달율(OTR), ② 전단응력(shear stress)

해설
- 소규모 배양에서 대형 배양기로 옮길 때 물리·화학적 조건이 달라짐
- 산소 전달율은 세포 성장과 단백질 발현에 결정적 영향을 줌
- 전단응력은 동물세포 손상에 민감하므로 교반·기포 제어가 필요함
- GMP 생산에서는 Scale-up 과정 전체를 밸리데이션으로 관리함

34

세포 배양 시 발생하는 Lactate 축적이 문제가 되는 이유를 설명하시오.

정답 배지를 산성화하여 세포 성장과 단백질 생산을 억제하기 때문임.

해설
- Lactate는 포도당 과대사 시 발생하는 부산물임
- pH 저하로 효소 활성 저해, 세포 증식 감소가 발생함
- 배지 조성 최적화, Fed-batch 방식으로 축적을 억제할 수 있음
- GMP 공정에서는 lactate 모니터링을 통해 품질 안정성을 관리함

35

세포 배양에서 사용하는 Master Cell Bank(MCB)와 Working Cell Bank(WCB)의 차이를 설명하시오.

정답 MCB는 최초 대량 동결 저장 세포주, WCB는 MCB에서 분주한 실제 생산용 세포주임.

해설
- MCB는 장기 보존용으로, 기원·유전적 안정성을 철저히 검증함
- WCB는 MCB에서 유래해 실제 생산에 사용되는 세포군임
- 이중 시스템은 장기간 안정적이고 일관된 생산을 가능하게 함
- GMP 규정에서는 MCB/WCB 모두 보관·시험·기록을 엄격히 관리해야 함

36

동물세포 배양에서 흔히 사용하는 pH 센서의 원리를 간단히 설명하시오.

정답 유리전극을 이용해 용액 내 수소이온 농도를 전위차로 측정함.

해설
- pH 센서는 수소이온 농도와 전위차가 비례하는 원리를 이용함
- Bioreactor에 장착되어 실시간으로 pH 변화를 모니터링함
- 세포 대사 부산물(젖산·암모니아) 축적 여부를 파악하는 지표가 됨
- GMP 공정에서는 정기적 교정과 밸리데이션을 통해 정확성을 유지함

37

세포 배양 시 Glutamine이 중요한 이유를 설명하시오.

정답 세포 성장과 단백질 합성에 필요한 주요 질소·에너지 공급원이기 때문임.

해설
- Glutamine은 아미노산·핵산 합성의 전구체로 사용됨
- 세포 성장에 필수적이지만 분해 시 암모니아가 발생하는 단점이 있음
- 암모니아 축적은 세포 독성과 단백질 발현 저하를 유발함
- GMP 공정에서는 안정화된 Glutamine 대체제 사용을 고려함

38

세포 배양에서 사용하는 Perfusion system의 장점을 2가지 쓰시오.

정답 ① 고밀도 세포 유지 가능, ② 연속적 단백질 생산 가능

해설
- 배양액을 지속적으로 교환하여 영양분 공급·노폐물 제거를 동시에 수행함
- 세포 밀도가 높게 유지되어 생산성이 향상됨
- 장기간 연속 배양이 가능해 공정 효율성이 높음
- GMP 환경에서는 perfusion용 여과막 무결성 검증이 중요 관리 항목임

39

동물세포 배양에서 기포 발생이 문제가 되는 이유를 설명하시오.

정답 세포막 손상 및 전단응력을 유발하여 세포 생존율을 낮추기 때문임.

해설
- 동물세포는 전단응력에 약해 기포와의 충돌로 쉽게 파괴됨
- 기포가 터질 때 발생하는 국소적 에너지가 세포막을 손상시킴
- 소포제(antifoam) 또는 보호제(Pluronic F-68)를 첨가하여 완화 가능함
- GMP 생산에서는 기포 모니터링과 제어 장치가 필수적으로 설치됨

40

세포 배양에서 사용하는 DO(용존산소) 제어 방법 2가지를 쓰시오.

정답 ① 공기 또는 산소 기체 주입, ② 교반 속도 조절

해설
- 세포 대사에는 충분한 산소 공급이 필수적임
- 기체 주입은 산소 농도를 직접적으로 조절하는 방법임
- 교반은 산소 전달율을 향상시키지만 과도하면 전단응력 문제가 발생함
- GMP 배양기는 DO 센서와 연동된 자동 제어 시스템을 갖추고 있음

41

세포 배양에서 사용하는 Viability 시험의 목적을 설명하시오.

정답 세포 생존율을 평가하여 배양 상태와 생산 적합성을 확인하기 위함임.

해설
- Viability ≥ 80%는 세포가 건강하게 유지되고 있음을 의미함
- Trypan blue, Flow cytometry, 자동 세포계수기를 이용해 측정함
- 생존율이 낮으면 배양 공정을 중단하거나 계대배양을 고려해야 함
- GMP 생산에서는 배치 방출 전 필수 시험 항목으로 관리됨

42

세포 배양에서 사용하는 Subculture(계대배양)의 주기를 결정하는 주요 지표 2가지를 쓰시오.

정답 ① 세포 밀도, ② 생존율

해설
- 세포 밀도가 과도하게 높아지면 영양분 고갈·노폐물 축적으로 세포 성장이 저해됨
- 생존율이 낮아지기 전에 적절히 계대배양해야 건강한 세포 유지가 가능함
- 세포 특성에 따라 보통 2~4일 간격으로 이루어짐
- GMP 환경에서는 세포주별 SOP를 따라 주기를 표준화함

43

세포 배양에서 사용하는 CO_2 농도 제어가 중요한 이유를 설명하시오.

정답 배지의 pH 안정성을 유지하기 위함임.

해설
- 배지 내 $NaHCO_3$ 완충계는 CO_2와 평형을 이루며 pH를 조절함
- CO_2 부족 시 pH 상승(알칼리화), 과다 시 pH 하락(산성화)이 발생함
- 세포 대사 효소 활성은 pH에 민감하므로 안정 유지가 중요함
- GMP 공정에서는 CO_2 센서·기록계를 통해 자동 제어함

44

세포 배양에서 사용하는 Microcarrier의 목적을 설명하시오.

정답 부착세포를 대량 배양하기 위해 부착 표면을 제공함.

해설
- Microcarrier는 작은 비드(bead) 형태로 표면적을 크게 늘림
- 교반식 배양기에서도 부착세포가 성장할 수 있도록 함
- 동물세포 백신·단백질 생산 공정에서 자주 사용됨
- GMP 생산에서는 microcarrier의 재질·멸균 방법을 밸리데이션해야 함

45

세포 배양에서 사용하는 Karyotyping(핵형분석)의 목적을 설명하시오.

정답 세포의 염색체 이상 여부를 확인하여 유전적 안정성을 검증하기 위함임.

해설
- 장기간 배양 시 세포의 염색체 수·구조에 이상이 생길 수 있음
- 핵형분석은 염색체 수적·구조적 변화를 확인하는 방법임
- 세포주의 동일성·안정성 평가에 필수적인 시험임
- GMP 세포은행 관리에서 MCB/WCB 적격성 시험 항목에 포함됨

46

세포 배양에서 사용하는 Shear protectant(전단응력 보호제)의 역할을 설명하시오.

정답 세포막 손상을 줄여 세포 생존율을 유지하기 위함임.

해설
- 동물세포는 전단응력에 취약해 교반·기포와 충돌 시 쉽게 파괴됨
- Pluronic F-68 같은 보호제를 첨가하면 세포막을 코팅하여 충격을 완화함
- GMP 생산에서는 첨가제 농도를 최적화하여 품질 일관성을 유지함

47

세포 배양에서 사용하는 Spinner flask의 단점 2가지를 쓰시오.

정답 ① 산소 공급 한계, ② 장기간 배양 시 세포 생존율 저하

해설
- Spinner flask는 교반식이지만 대규모 산소 전달에 한계가 있음
- 세포 밀도가 높아질수록 산소·영양분 공급이 부족해짐
- 장기간 배양 시 부산물 축적으로 세포 생존율이 낮아짐
- GMP 공정에서는 대량 생산용으로는 한계가 있어 pilot-scale에 주로 사용됨

48
세포 배양에서 사용하는 Serum-replacement의 목적을 설명하시오.

정답 혈청 성분을 대체하여 배양의 재현성과 안전성을 확보하기 위함임.

해설
- 혈청은 변동성과 오염 위험이 크므로 대체제가 필요함
- 성장인자 · 호르몬 등을 화학적으로 조성해 안정적으로 공급함
- 무혈청 조건에서도 세포 성장 · 단백질 발현이 가능해짐
- GMP 생산에서는 serum-replacement가 표준 적용됨

49
세포 배양에서 사용하는 Oxygen transfer rate(OTR)의 의미를 설명하시오.

정답 단위 시간 · 부피당 산소가 배지에 전달되는 속도를 의미함.

해설
- OTR은 세포 성장과 대사에 중요한 지표임
- 교반 속도, 기포 크기, 산소 농도에 따라 달라짐
- 세포 밀도가 높아질수록 OTR 부족 문제가 발생함
- GMP 공정에서는 OTR 최적화를 통해 생산성과 품질을 동시에 확보함

50
세포 배양에서 사용하는 Flow cytometry의 목적을 설명하시오.

정답 세포의 크기, 형태, 단백질 발현 등을 개별적으로 분석하기 위함임.

해설
- 세포에 레이저를 조사해 산란광 · 형광 신호를 검출함
- 세포 생존율, 아포토시스, 특정 단백질 발현 수준 등을 정량 분석 가능함
- 다수의 세포를 빠르게 분석할 수 있어 연구 · 품질 시험에 유용함
- GMP 시험실에서는 세포 특성 평가 및 제품 방출 시험에 활용됨

51

세포 배양에서 사용하는 Cell density sensor의 목적을 설명하시오.

정답 실시간으로 세포 농도를 측정하여 배양 상태를 모니터링하기 위함임.

해설
- 비침습적 센서를 통해 세포 농도를 온라인으로 확인할 수 있음
- 배양액 탁도 · 전기적 임피던스 등을 이용해 측정함
- 세포 성장이 과도하거나 부족할 때 신속히 조치를 취할 수 있음
- GMP 공정에서는 자동화 시스템과 연동해 feeding · 수확 시점을 결정함

52

세포 배양에서 사용하는 Anchorage-dependent cell(부착세포)의 특징을 설명하시오.

정답 고체 표면에 부착해야만 증식할 수 있는 세포임.

해설
- 대부분의 포유류 세포가 부착세포에 해당함
- 플라스틱 플라스크 · 마이크로캐리어 표면에서 자람
- 성장 면적이 제한적이어서 대량 배양에는 부적합함
- GMP 백신 생산 등에서 마이크로캐리어 기술과 함께 활용됨

53

세포 배양에서 사용하는 Apoptosis marker의 목적을 설명하시오.

정답 세포 사멸 정도를 확인하여 배양 건강성을 평가하기 위함임.

해설
- Annexin V, Caspase 활성 측정 등이 대표적 apoptosis marker임
- 세포가 스트레스를 받으면 apoptosis 비율이 증가함
- 배양 환경 최적화와 수확 시점 결정에 중요한 지표임
- GMP 분석실에서는 제품 품질 변동 원인 분석에도 사용함

54

세포 배양에서 사용하는 Seed train(전배양)의 목적을 설명하시오.

정답 소규모 배양에서 점차 규모를 확대하여 생산용 배양기로 옮기기 위함임.

해설
- 작은 용기에서 시작해 단계별로 배양기를 확장함
- 세포가 건강한 상태로 충분히 증식한 뒤 생산 배양기에 접종함
- 불량 세포를 대규모 배양에 투입하는 위험을 줄임
- GMP 생산에서는 seed train 단계별 조건과 기록을 엄격히 관리함

55

세포 배양에서 사용하는 Monoclonal culture(단일세포 배양)의 목적을 설명하시오.

정답 유전적으로 동일한 세포군을 확보하여 일관된 단백질 생산을 가능하게 하기 위함임.

해설
- 단일세포에서 출발하면 균질한 세포군을 얻을 수 있음
- 제한희석법, 클로닝 실린더, FACS 등을 이용해 수행함
- 단일클론 확보는 항체·단백질 생산 세포주 개발의 핵심 단계임
- GMP 공정에서는 단일클론 유래 세포주임을 문서화·검증해야 함

56

세포 배양에서 사용하는 Batch culture의 특징을 설명하시오.

정답 배양액을 교체하지 않고 일정 기간 동안 세포를 배양하는 방식임.

해설
- 초기 배지에 모든 영양분을 투입한 뒤, 배양액 교환 없이 일정 기간 배양함
- 시간이 지남에 따라 영양분 고갈, 노폐물 축적이 발생함
- 단순하고 관리가 쉽지만, 생산성이 낮음
- GMP 공정에서는 소규모 연구용에 주로 활용됨

57

세포 배양에서 사용하는 Contamination control(오염 관리)의 주요 방법 2가지를 쓰시오.

정답 ① 무균 작업 절차(SOP) 준수, ② 정기적인 환경 모니터링

해설
- 오염은 세포 배양 실패의 가장 흔한 원인임
- 무균 조작법, 올바른 착의, 멸균 도구 사용이 기본임
- 청정도 시험, 공기 · 표면 미생물 모니터링으로 환경 상태를 확인함
- GMP 공정에서는 오염 발생 시 즉시 보고 · 조치 체계가 운영됨

58

세포 배양에서 사용하는 Cell bank system의 장점 2가지를 쓰시오.

정답 ① 세포주의 일관성 유지, ② 장기간 안정적 보관 가능

해설
- MCB/WCB 시스템으로 세포주를 관리하면 장기간 동일 특성을 보장할 수 있음
- 생산 중 변이 발생 위험을 줄임
- GMP 공정에서는 cell bank 구축 · 시험 · 보관이 제품 품질 보증의 핵심임

59

세포 배양에서 사용하는 pO_2(부분 산소압) 조절이 중요한 이유를 설명하시오.

정답 세포의 대사 속도와 단백질 생산성이 산소 농도에 의존하기 때문임.

해설
- pO_2가 너무 낮으면 혐기성 대사로 젖산이 과다 생성됨
- 너무 높으면 활성산소종(ROS)이 발생하여 세포 손상을 초래함
- 일반적으로 30 ~ 60% 범위가 최적임
- GMP 공정에서는 센서를 통해 실시간 모니터링 · 자동 제어함

60

세포 배양에서 사용하는 Single-use bioreactor(일회용 배양기)의 장점을 설명하시오.

정답 세척·멸균 공정이 필요 없어 운영이 간편하고 교차오염 위험이 적음.

해설
- 일회용 백 소재로 제작되어 사용 후 폐기 가능함
- 설치·가동이 빠르고 유연성이 높음
- 교차오염 가능성이 낮아 다품종 생산에 적합함
- GMP 공정에서는 소규모·중규모 생산에 빠르게 도입되는 추세임

61

세포 배양에서 사용하는 pCO_2(이산화탄소 분압) 측정의 목적을 설명하시오.

정답 배지의 완충 상태와 pH 안정성을 확인하기 위함임.

해설
- pCO_2는 배지의 $NaHCO_3$ 완충계와 직접적으로 연결됨
- pCO_2가 낮으면 pH가 상승하고, 높으면 pH가 하락함
- 세포 대사 효소 활성은 pH에 민감하므로 안정 유지가 필요함
- GMP 공정에서는 pCO_2 센서로 실시간 모니터링하고 자동 제어함

62

세포 배양에서 사용하는 Continuous culture(연속배양)의 장점을 설명하시오.

정답 장기간 일정한 세포 성장 상태와 안정적인 생산성을 유지할 수 있음.

해설
- 배지를 지속적으로 공급·제거하여 steady-state 상태를 유지함
- 생산성 변동이 적고, 대규모 장기 배양이 가능함
- Chemostat, Turbidostat 방식이 대표적임
- GMP 생산에서는 연속 공정이 차세대 생산 기술로 도입되는 추세임

63

세포 배양에서 사용하는 Critical process parameter(CPP)의 의미를 설명하시오.

정답 제품 품질에 직접적인 영향을 주는 공정 변수임.

해설
- CPP에는 온도, pH, DO, 교반속도, feeding 속도 등이 포함됨
- CPP를 벗어나면 세포 성장·단백질 발현에 치명적 영향을 줌
- GMP 공정에서는 CPP를 사전에 정의하고 실시간 모니터링함
- 이는 QbD(품질고도화) 접근법의 핵심 개념임

64

세포 배양에서 사용하는 Substrate inhibition(기질 억제)의 의미를 설명하시오.

정답 기질 농도가 지나치게 높아 세포 대사가 억제되는 현상임.

해설
- 포도당 과잉 공급 시 젖산 축적이 심해져 성장 억제가 발생함
- 글루타민 과잉 시 암모니아 축적으로 독성이 나타남
- Fed-batch 배양에서 기질 농도를 최적화해야 억제를 피할 수 있음
- GMP 공정에서는 모니터링 기반 자동 공급(feeding) 전략이 적용됨

65

세포 배양에서 사용하는 Inoculum(접종 세포)의 품질 기준 2가지를 쓰시오.

정답 ① 높은 생존율(≥ 80%), ② 오염 없음

해설
- 접종 세포는 생산 배양의 출발점이므로 품질 관리가 중요함
- 생존율이 낮으면 배양 시작부터 성장 지연·불량이 발생함
- 세균, 곰팡이, Mycoplasma 오염이 없어야 함
- GMP 공정에서는 Inoculum 품질 시험 후 적격성 확인 절차를 거침

66
세포 배양에서 사용하는 Seed culture(전배양)의 목적을 설명하시오.

정답 생산 배양에 접종할 건강하고 충분히 증식한 세포를 준비하기 위함임.

해설
- Seed culture는 소규모에서 단계적으로 세포를 증식시키는 과정임
- 초기 배양에서 건강한 세포를 확보해 대규모 배양에 사용함
- 불량 세포를 대규모 공정에 투입하는 위험을 줄임
- GMP에서는 Seed culture 단계별 기록과 시험을 SOP로 관리함

67
세포 배양에서 사용하는 Lactate dehydrogenase(LDH) 방출 시험의 목적을 설명하시오.

정답 세포막 손상 여부를 평가하여 세포 독성을 확인하기 위함임.

해설
- 세포가 손상되면 LDH 효소가 세포 밖으로 유출됨
- 배양액 내 LDH 활성 측정을 통해 세포 사멸 정도를 확인 가능함
- 배양 조건 최적화 및 독성 평가에 활용됨
- GMP 분석실에서는 세포 건강성 모니터링에 포함되는 시험임

68
세포 배양에서 사용하는 Turbidostat 배양의 특징을 설명하시오.

정답 세포 밀도를 일정하게 유지하기 위해 탁도를 실시간으로 제어하는 연속배양 방식임.

해설
- 탁도 센서로 세포 농도를 측정하고, 필요 시 배지를 공급·배출함
- 세포 성장속도를 최적 상태로 유지할 수 있음
- Chemostat보다 세포 밀도 유지가 정밀함
- GMP 연구단계에서는 공정 최적화를 위한 실험에 활용됨

69

세포 배양에서 사용하는 Passage number(계대수) 관리가 중요한 이유를 설명하시오.

정답 세포의 유전적 안정성과 단백질 발현 특성을 유지하기 위함임.

해설
- 세포는 계대가 반복될수록 변이가 축적됨
- 일정 계대수 이상에서는 단백질 생산성·성장이 저하될 수 있음
- GMP 생산에서는 허용 가능한 최대 계대수를 규정하고 이를 초과하지 않음
- 계대수 기록은 제품 추적성 확보에도 중요함

70

세포 배양에서 사용하는 Cell viability dye(세포 생존 염색)의 원리를 설명하시오.

정답 세포막 투과성 차이를 이용해 살아 있는 세포와 죽은 세포를 구분함.

해설
- 살아 있는 세포는 염색약이 세포막을 통과하지 못해 염색되지 않음
- 죽은 세포는 세포막이 손상되어 염색약이 들어와 색이 나타남
- Trypan blue, Propidium iodide 등이 대표적임
- GMP 공정에서는 세포 생존율 ≥ 80% 기준을 제품 생산 적합성 지표로 활용함

03 세척·멸균

01
도구 세척에서 세척 전 준비가 중요한 이유를 설명하시오.

정답 기구의 재질·오염 유형을 파악해 적합한 세척 방법을 선택하기 위함임.

해설
- 재질에 따라 세척제와 멸균 방법의 적합성이 달라짐
- 유리·금속·플라스틱 기구는 각각 내열성·내화학성이 다름
- 오염의 성격(단백질, 지질, 무기물 등)에 맞는 세제·용매를 선택해야 함
- GMP에서는 세척 전 준비 절차를 SOP로 규정하여 재현성을 확보함

02
세척 공정에서 사용하는 Detergent(세제)의 역할을 설명하시오.

정답 오염물질을 용해·분산·제거하여 기구 표면을 청결하게 유지함.

해설
- 단백질, 지질, 유기물을 분해·용해하는 기능을 가짐
- 음이온·양이온·비이온성 세제가 상황에 따라 사용됨
- 기구 표면에 남은 세제는 반드시 헹굼으로 제거해야 함
- GMP 공정에서는 세제 잔류 시험을 통해 청정도를 검증함

03
고압증기멸균(Autoclave)의 기본 조건을 쓰시오.

정답 121℃, 15분, 1.1 atm (약 15 psi)

해설
- Autoclave는 가장 널리 사용되는 습열 멸균 방법임
- 포화증기를 일정 시간 주입하여 세균·포자를 완전히 사멸함
- 조건은 멸균 대상에 따라 조정될 수 있음
- GMP 환경에서는 F_0 값(121℃ 환산 멸균 시간)으로 조건을 검증함

04
멸균 전 세척이 미흡할 경우 발생할 수 있는 문제를 설명하시오.

정답 멸균 효과가 감소하여 미생물이 잔존할 수 있음.

해설
- 잔류 단백질·지질 등이 미생물을 보호하는 장벽 역할을 함
- 멸균 효과가 불완전하여 제품 오염으로 이어질 수 있음
- 따라서 세척은 멸균 전 필수 선행 공정임
- GMP에서는 세척·멸균 밸리데이션을 모두 요구함

05
건열멸균과 습열멸균의 차이를 간단히 비교하시오.

정답 건열멸균은 고온·장시간 필요, 습열멸균은 저온·단시간으로 효과적임.

해설
- 건열멸균 : 160~180℃에서 수 시간 처리, 금속·유리 기구에 적합함
- 습열멸균 : 121℃, 15분 조건으로 단백질 변성 효과가 큼
- 습열은 열전달이 빠르고 멸균 효과가 강력함
- GMP에서는 재질·용도에 따라 건열·습열을 구분 적용함

06
CIP(Cleaning In Place)의 개념을 설명하시오.

정답 설비를 분해하지 않고 배관·탱크 내부를 세정하는 방법임.

해설
- CIP는 화학세제와 세척수를 순환시켜 설비 내부를 자동으로 청소함
- 작업자의 직접 접촉을 최소화하여 안전성을 확보함
- 생산 공정의 연속성과 효율성을 높일 수 있음
- GMP에서는 CIP 효과를 검증하기 위해 세제 잔류·미생물 시험을 수행함

07

멸균 공정에서 D값(Decimal reduction time)의 의미를 쓰시오.

정답 특정 온도에서 미생물 수가 90%(1 log) 감소하는 데 필요한 시간임.

해설
- D값은 미생물의 열저항성을 나타내는 지표임
- 값이 작을수록 멸균 효과가 빠르게 나타남
- 멸균 조건 설정 시 F_0, Z값과 함께 사용됨
- GMP 밸리데이션에서는 D값을 이용해 멸균 공정 유효성을 과학적으로 검증함

08

SIP(Sterilization In Place)의 목적을 설명하시오.

정답 설비를 분해하지 않고 증기를 주입하여 현장에서 멸균하기 위함임.

해설
- 발효조, 배관, 밸브, 필터 등 전체 설비를 멸균할 수 있음
- 보통 121℃ 이상의 포화증기를 일정 시간 주입함
- CIP 후 이어서 수행되는 경우가 많음
- GMP 현장에서는 무균 상태 유지의 핵심 공정으로 관리됨

09

세척 · 멸균 후 헹굼(rinsing)이 중요한 이유를 설명하시오.

정답 세제 · 소독제 잔류를 제거하여 제품 오염을 방지하기 위함임.

해설
- 세척제나 소독제가 잔류하면 세포 · 제품에 독성을 유발할 수 있음
- 멸균 효과 검증을 위해 최종 헹굼 단계가 반드시 필요함
- 멸균수(WFI)를 사용하여 청정도를 유지해야 함
- GMP에서는 헹굼수 시험(전도도, TOC, 미생물수)을 통해 적합성을 확인함

10
건열멸균의 주요 적용 대상을 2가지 쓰시오.

정답 ① 유리기구, ② 금속기구

해설
- 건열멸균은 160 ~ 180℃ 고온에서 수 시간 처리하는 방식임
- 고온을 견딜 수 있는 내열성 기구에 적합함
- 플라스틱, 고무류에는 변형·손상이 발생하므로 부적합함
- GMP 시험실에서는 주사기, 유리병, 금속 도구 멸균에 활용함

11
멸균 공정에서 사용하는 Z값의 의미를 설명하시오.

정답 D값이 10배 변화하는 데 필요한 온도 상승 값임.

해설
- Z값은 미생물의 열저항성을 나타내는 온도계수임
- 온도가 높아질수록 D값은 감소하고, 멸균 속도가 빨라짐
- 멸균 조건 설정 및 F_0 값 계산에 활용됨
- GMP 밸리데이션에서는 멸균 공정 최적화 근거로 Z값을 사용함

12
세척 공정에서 사용되는 세척제의 잔류 시험이 중요한 이유를 설명하시오.

정답 세제 성분이 제품에 혼입되어 안전성을 저해할 수 있기 때문임.

해설
- 세제 잔류는 독성, 변성, 불순물 발생의 원인이 됨
- 따라서 세척 후 멸균수(WFI)로 충분히 헹굼이 필요함
- GMP 규정에서는 잔류 시험(TOC, 전도도)을 통해 청정도를 확인함
- 이는 제품 품질과 환자 안전을 보증하는 핵심 절차임

13
멸균 공정에서 사용하는 Biological indicator(생물학적 지표)의 특징을 설명하시오.

정답 내열성이 강한 포자를 사용하여 멸균 효과를 직접 검증함.

해설
- Bacillus stearothermophilus 포자가 대표적임
- 화학적 지표는 조건 도달 여부만 확인하지만, 생물학적 지표는 실제 미생물 사멸을 확인함
- 신뢰성이 높아 멸균 밸리데이션에 반드시 사용됨
- GMP 규정에서는 멸균 판정 근거로 생물학적 지표 결과를 기록 · 보관해야 함

14
세척 · 멸균 장비 점검 시 전기 안전 확인이 중요한 이유를 설명하시오.

정답 전기 누전이나 접지 불량으로 인한 감전 · 화재 사고를 예방하기 위함임.

해설
- 멸균기는 전기 히터 · 펌프 등을 사용하므로 전기 안전 점검이 필수임
- 접지 상태, 누전 차단기 작동 여부를 반드시 확인해야 함
- 안전 미확보 시 작업자 사고 · 설비 손상 위험이 큼
- GMP 현장에서는 정기 전기 점검 기록을 유지 · 관리함

15
멸균 공정에서 F_0 값의 의미를 설명하시오.

정답 121℃ 기준으로 환산한 등가 멸균 시간임.

해설
- 서로 다른 온도 · 시간 조건을 비교할 때 사용하는 지표임
- $F_0 \geq 12$ min이면 멸균이 유효하다고 판정함
- D값, Z값과 함께 멸균 조건을 과학적으로 설정할 수 있음
- GMP 밸리데이션에서는 F_0 값을 멸균 유효성 평가 기준으로 삼음

16

멸균 공정에서 화학적 지표(Chemical indicator)의 목적을 설명하시오.

정답 멸균 조건(온도·압력·시간)의 도달 여부를 확인하기 위함임.

해설
- 화학적 지표는 특정 조건에서 색이 변하는 테스트 스트립임
- 멸균 성공 여부를 간단히 확인할 수 있음
- 그러나 실제 미생물 사멸 여부는 알 수 없어 한계가 있음
- GMP에서는 화학적 지표와 생물학적 지표를 병행해 사용함

17

세척 후 건조 단계가 중요한 이유를 설명하시오.

정답 잔류 수분이 미생물 성장과 오염의 원인이 되기 때문임.

해설
- 수분은 세균 증식의 주요 환경임
- 건조가 불완전하면 기구 표면에 오염이 쉽게 발생함
- 건조 후 청정 보관 절차까지 포함해야 무균성이 유지됨
- GMP 기준에서는 건조 후 잔류 수분 시험으로 적합성을 확인함

18

세척·멸균 장비에서 Validation(밸리데이션)을 수행하는 이유를 설명하시오.

정답 세척·멸균 공정이 항상 일관되고 재현성 있게 수행되는지 검증하기 위함임.

해설
- Validation은 설비와 공정이 설정 조건에 따라 제대로 작동하는지 확인함
- 세제 잔류, 멸균 효과, 장비 무결성을 모두 검증함
- 일회성 시험이 아닌 주기적 검증이 필요함
- GMP에서는 Validation 결과가 품질 보증의 근거가 됨

19
자외선(UV) 멸균의 장점과 한계를 각각 쓰시오.

정답
- 장점 : 표면 멸균에 효과적임.
- 한계 : 투과력이 약해 내부 멸균은 불가능함.

해설
- UV-C(254 nm)는 DNA를 손상시켜 미생물을 사멸시킴
- 표면·공기 멸균에 효과적이지만, 그림자·차폐 부위에는 효과가 없음
- 따라서 보조적 멸균 방법으로 사용됨
- GMP 무균실에서는 공기 순환 덕트·작업대 표면 소독에 활용됨

20
건열멸균과 습열멸균에서 멸균 원리 차이를 설명하시오.

정답 건열멸균은 산화·단백질 탈수 작용, 습열멸균은 단백질 변성 작용임.

해설
- 건열은 고온 건조 공기로 세균을 사멸시킴
- 습열은 포화증기 열을 이용해 단백질을 변성시킴
- 습열이 더 빠르고 확실한 멸균 효과를 가짐
- GMP 공정에서는 멸균 대상 재질에 따라 적합한 방법을 선택함

21
세척 공정에서 사용되는 WFI(Water for Injection)의 특징을 설명하시오.

정답 주사용수로, 멸균·초순화 과정을 거쳐 미생물과 불순물이 제거된 물임.

해설
- WFI는 주사제 제조와 최종 세척 공정에 사용됨
- 낮은 TOC, 낮은 전도도, 무균성이 요구됨
- 배관·탱크 내에서 순환 보관하며 일정 온도로 유지됨
- GMP 규정에서 필수 시험 항목(TOC, Endotoxin, 미생물수)에 적합해야 함

22

건열멸균이 습열멸균보다 적합한 경우를 2가지 쓰시오.

정답 ① 수분에 민감한 물질 멸균, ② 내열성이 강한 금속·유리기구 멸균

해설
- 습열멸균은 수분을 이용하므로 수분 불안정 물질에는 부적합함
- 건열은 고온 공기를 이용해 멸균하여, 내열성 재질에 적합함
- 주사기, 금속 기구, 유리기구 멸균에 주로 사용됨
- GMP 환경에서는 멸균 대상 특성에 따라 건열·습열을 구분 적용함

23

세척 후 발생할 수 있는 Cross-contamination(교차오염)을 방지하기 위한 관리 방법 2가지를 쓰시오.

정답 ① 청결구역·오염구역 분리, ② 세척 도구 전용화

해설
- 교차오염은 청정 기구가 다른 오염원과 접촉할 때 발생함
- 구역을 구분하고 도구를 전용화하면 교차오염을 예방할 수 있음
- 작업 동선 관리와 색상 구분 도구 사용도 효과적임
- GMP 규정에서는 교차오염 관리 절차를 SOP로 정의함

24

세척·멸균 공정에서 SOP(Standard Operating Procedure)의 필요성을 설명하시오.

정답 일관된 절차 수행과 품질 재현성을 확보하기 위함임.

해설
- SOP는 세척·멸균 단계별 구체적 절차를 문서화한 것임
- 작업자마다 방식이 달라지는 것을 방지함
- SOP 준수는 GMP 요구사항의 기본 원칙임
- 밸리데이션·감사 시 SOP 이행 여부가 핵심 평가 항목임

25
멸균 공정에서 사용하는 Endotoxin 시험의 목적을 설명하시오.

정답 세균 사멸 후 남을 수 있는 내독소(LPS)를 검출하기 위함임.

해설
- 그람음성균 사멸 시 Endotoxin이 잔류할 수 있음
- 이는 발열 반응을 유발하여 환자 안전에 치명적임
- LAL 시험, rFC 시험 등을 통해 검출·관리함
- GMP 기준에서는 Endotoxin 시험 적합성 확인 후 제품 출하가 가능함

26
세척 장비에서 자동세척(Auto-washer)을 사용하는 장점을 설명하시오.

정답 세척 효율성과 재현성을 확보할 수 있음.

해설
- Auto-washer는 기구·용기를 자동으로 세척하여 인적 오류를 줄임
- 일정한 세척 조건(온도, 압력, 세제량)을 유지함
- 수작업 대비 작업 시간과 인력을 절감할 수 있음
- GMP 공정에서는 자동세척 Validation을 통해 신뢰성을 입증함

27
세척 불충분 시 발생할 수 있는 GMP상 문제를 2가지 쓰시오.

정답 ① 미생물 오염 발생, ② 제품 품질 저하

해설
- 세척 불량은 오염이 남아 후속 공정의 무균성을 저해함
- 제품의 안정성·안전성이 떨어져 불량률이 증가함
- 규정 위반 시 생산 중단·리콜 등의 심각한 문제가 발생할 수 있음
- GMP 감사에서는 세척 불량이 주요 지적 사항이 됨

28
멸균 공정에서 사용되는 Filter integrity test(여과막 무결성 시험)의 목적을 설명하시오.

정답 멸균용 필터가 손상되지 않았음을 확인하기 위함임.

해설
- 여과막은 0.2 μm 크기의 세균을 물리적으로 제거함
- 무결성 시험은 기공이 손상되지 않았는지 검증하는 절차임
- 대표적 방법은 Bubble point, Diffusion test임
- GMP 생산에서는 여과 전·후 반드시 무결성 시험을 수행해야 함

29
세척·멸균 공정에서 기록(Document)이 중요한 이유를 설명하시오.

정답 공정의 추적성과 품질 보증을 확보하기 위함임.

해설
- 세척·멸균 절차와 결과는 모두 기록·보관해야 함
- 기록은 GMP 감사와 품질 검증의 근거 자료임
- 문제가 발생했을 때 원인 추적과 개선 근거가 됨
- 전자기록(ERP, MES) 시스템으로 관리되는 경우가 증가함

30
고압증기멸균에서 Air removal(공기 제거)이 중요한 이유를 설명하시오.

정답 증기의 침투를 방해하지 않기 위함임.

해설
- 챔버 내 공기가 남아 있으면 증기가 고르게 전달되지 않음
- 멸균 사각지대가 생겨 미생물이 살아남을 수 있음
- Gravity displacement, Pre-vacuum 방식으로 공기를 제거함
- GMP 공정에서는 공기 제거 검증 시험을 통해 멸균 균일성을 입증함

31

세척 · 멸균 공정에서 사용되는 TOC(Total Organic Carbon) 시험의 목적을 설명하시오.

정답 세척 후 유기물 잔류 여부를 확인하기 위함임.

해설
- TOC 시험은 세제나 오염물의 유기 탄소 성분을 정량 분석함
- 잔류 유기물이 많으면 세척 불량으로 판정됨
- 제품 오염, 안정성 저하, 품질 불량의 원인이 될 수 있음
- GMP에서는 세척 Validation 핵심 항목으로 관리됨

32

세척 공정에서 사용되는 전도도 시험의 목적을 설명하시오.

정답 세척수 내 이온성 불순물의 잔류 여부를 확인하기 위함임.

해설
- 전도도는 이온 농도에 비례하므로 불순물 잔류 여부를 알 수 있음
- 세제 성분이 남아 있으면 전도도가 상승함
- 전도도 기준 초과 시 재세척이 필요함
- GMP 규정에서는 TOC와 함께 전도도 시험을 병행함

33

세척 불량의 주요 원인 2가지를 쓰시오.

정답 ① 부적절한 세척제 사용, ② 세척 조건 미준수

해설
- 세척제가 오염물 특성과 맞지 않으면 세척 효과가 떨어짐
- 세척 온도 · 시간 · 농도가 SOP 기준을 벗어나면 세척 불량이 발생함
- 기구 표면 구조가 복잡하여 사각지대가 생길 수도 있음
- GMP 환경에서는 원인 분석 후 CAPA(시정 · 예방조치)를 수행함

34
건열멸균에서 Depyrogenation(내독소 제거)의 원리를 설명하시오.

정답 고온에서 내독소의 열분해 반응을 유도하여 제거함.

해설
- 내독소(LPS)는 열에 강하지만 250℃ 이상에서 분해됨
- 건열멸균(250℃, 30분)은 내독소 제거 표준 조건임
- 내독소 제거는 주사제 생산의 핵심 공정임
- GMP에서는 depyrogenation oven 밸리데이션을 필수적으로 수행함

35
세척 공정에서 'Hold time study'가 필요한 이유를 설명하시오.

정답 세척 후 보관 시간 동안 오염 재발 가능성을 평가하기 위함임.

해설
- 세척된 기구가 즉시 사용되지 않을 경우 청결 상태 유지가 중요함
- 일정 시간 이후 미생물 증식 · 재오염이 발생할 수 있음
- Hold time study를 통해 허용 보관 시간을 설정함
- GMP 규정에서는 Hold time 결과를 기준으로 SOP에 반영함

36
멸균 필터 사용 시 Flushing(세척) 단계가 필요한 이유를 설명하시오.

정답 필터 내 잔류 물질과 불순물을 제거하여 제품 오염을 방지하기 위함임.

해설
- 새로운 필터에는 보존제, 입자성 물질이 남아 있을 수 있음
- 사용 전 멸균수(WFI)로 충분히 세척해야 함
- Flushing 불충분 시 제품에 이물 · 오염이 혼입될 수 있음
- GMP에서는 Flushing 절차와 결과를 기록 · 검증함

37

세척 · 멸균 공정에서 "재현성(Reproducibility)"이 중요한 이유를 설명하시오.

정답 항상 동일한 조건과 결과를 보장해야 제품 품질을 확보할 수 있기 때문임.

해설
- 재현성이 없으면 배치마다 품질 편차가 발생함
- 동일 SOP, 동일 장비 조건에서 일관된 결과를 얻는 것이 핵심임
- Validation은 재현성 확보 여부를 확인하는 절차임
- GMP 감사에서 재현성은 품질 시스템 신뢰성의 기준이 됨

38

알콜(70% 에탄올)을 소독제로 사용할 때 장점을 설명하시오.

정답 단백질 변성을 유도하여 신속한 살균 효과를 얻을 수 있음.

해설
- 70% 농도는 세포막 투과성이 가장 높아 살균력이 최적임
- 휘발성이 있어 잔류가 적고 기구 표면 소독에 효과적임
- 하지만 포자에 대한 효과는 제한적임
- GMP 작업대, 장갑 소독에 가장 널리 사용되는 표준 소독제임

39

고압증기멸균기(Autoclave)에서 진공 펌프가 중요한 이유를 설명하시오.

정답 챔버 내 공기를 제거하여 증기가 균일하게 침투하도록 하기 위함임.

해설
- 공기는 열전도율이 낮아 멸균 효율을 방해함
- 진공 단계에서 공기를 제거하고 증기를 주입해야 균일 멸균이 가능함
- Pre-vacuum 방식 Autoclave는 대용량 장비 멸균에 필수임
- GMP 밸리데이션에서는 진공 효율 시험이 포함됨

40

세척·멸균 장비의 Preventive maintenance(예방 보전)가 필요한 이유를 설명하시오.

정답 장비 고장을 예방하고 공정 신뢰성을 유지하기 위함임.

해설
- 멸균기·세척기 고장은 생산 차질과 품질 불량으로 이어짐
- 주기적 점검·부품 교체로 장비 수명을 연장할 수 있음
- 예기치 못한 오염 사고를 줄이고 GMP 규정 준수를 보장함
- 모든 유지보수 활동은 기록으로 남겨 감사 시 근거 자료가 됨

41

멸균 공정에서 Overkill approach(과잉 멸균법)의 개념을 설명하시오.

정답 제품 안전성을 확보하기 위해 필요한 수준보다 더 강한 조건으로 멸균하는 방법임.

해설
- 통상적으로 D값 기준 12 log 감소($\geq F_0$ 12) 조건을 적용함
- 멸균 실패 위험을 최소화하기 위해 보수적으로 설정함
- 내열성 포자까지 완전 사멸이 가능하도록 설계됨
- GMP에서는 생물학적 지표 시험으로 Overkill 조건 적합성을 검증함

42

세척·멸균 공정에서 "Cleaning validation"의 목적을 설명하시오.

정답 세척 절차가 항상 효과적으로 수행되어 잔류물이 허용 기준 이하임을 입증하기 위함임.

해설
- Validation은 청소 공정의 신뢰성을 보증하는 절차임
- 기구·설비에 남을 수 있는 잔류 물질을 정량 평가함
- TOC, 전도도, 잔류 세제, 미생물 시험 등이 포함됨
- GMP 감사에서는 Cleaning validation 보고서 제출이 요구됨

43

멸균 공정에서 Moist heat(습열) 멸균이 Dry heat(건열)보다 선호되는 이유를 설명하시오.

정답 낮은 온도와 짧은 시간으로 효과적인 멸균이 가능하기 때문임.

해설
- 습열은 단백질 변성을 일으켜 빠르고 강력한 멸균 효과를 냄
- 건열은 산화·탈수 반응으로 효과가 느리고 고온이 필요함
- 플라스틱, 고무 등 열 민감 재질에도 적용 가능함
- GMP 현장에서는 생산 설비 멸균 대부분에 습열 방식이 적용됨

44

세척·멸균 공정에서 "Dead leg(사각 배관)"이 문제가 되는 이유를 설명하시오.

정답 세척제·증기 순환이 원활하지 않아 오염이 남을 수 있기 때문임.

해설
- Dead leg 부위는 유속이 낮아 세척·멸균 효과가 떨어짐
- 미생물이 잔존하거나 biofilm 형성이 일어날 수 있음
- 설비 설계 단계에서 배관 길이·각도를 최적화해야 함
- GMP 설비 검증 시 Dead leg 발생 여부가 주요 평가 항목임

45

세척·멸균 공정에서 Monitoring system이 중요한 이유를 설명하시오.

정답 온도·압력·시간 등 주요 변수를 실시간으로 확인하고 기록하기 위함임.

해설
- 모니터링은 멸균 조건이 적절히 유지되었는지 확인하는 핵심 절차임
- 전자 기록 장치를 통해 데이터가 자동으로 저장됨
- 이상 발생 시 즉시 경보를 발생시켜 공정을 중단할 수 있음
- GMP 규정에서는 모니터링 기록을 품질 보증·감사에 활용함

46
세척 · 멸균 공정에서 Biofilm이 문제가 되는 이유를 설명하시오.

정답 미생물이 표면에 부착해 집락을 형성하면 세척 · 멸균으로 제거가 어려움.

해설
- Biofilm은 다당류 매트릭스로 보호막을 형성함
- 일반 세척이나 소독제에 대한 저항성이 높음
- 배관 · 탱크 표면에 형성되면 오염원이 지속적으로 방출됨
- GMP 현장에서는 주기적 세척 · 살균과 설비 설계 개선으로 예방함

47
세척 · 멸균 공정에서 Double door autoclave(이중도어 멸균기)의 목적을 설명하시오.

정답 청결구역과 비청결구역을 물리적으로 분리하여 오염 교차를 방지함.

해설
- 이중도어 구조는 한쪽은 비청결구역, 다른 한쪽은 청결구역에 연결됨
- 멸균 전후 동선이 분리되어 오염 위험을 최소화함
- 무균 생산시설에서 핵심적인 장치임
- GMP 설계 기준에서 청정구역 출입에 반드시 적용됨

48
세척 공정에서 Enzyme cleaner(효소 세제)를 사용하는 목적을 설명하시오.

정답 단백질 · 지질 등 유기물을 효소 반응으로 분해하여 제거하기 위함임.

해설
- 일반 세제가 제거하기 어려운 혈액 · 단백질 오염에 효과적임
- Protease, Lipase 등이 주요 성분임
- 의료기구 세척과 바이오 장비 청소에 자주 사용됨
- GMP 기준에서는 효소 세제 사용 후 충분한 헹굼을 필수로 요구함

49

멸균 공정에서 사용되는 Hydrogen peroxide gas plasma(과산화수소 가스 플라즈마) 멸균의 장점을 설명하시오.

정답 저온에서 단시간에 멸균이 가능하고 잔류 독성이 적음.

해설
- 플라즈마 상태의 과산화수소가 미생물 단백질 · DNA를 파괴함
- 열 · 수분에 민감한 기구에도 적합함
- 잔류 부산물이 물과 산소로 분해되어 안전성이 높음
- GMP 환경에서는 플라스틱, 전자부품 멸균에 활용됨

50

세척 · 멸균 공정에서 Risk assessment(위해 평가)의 목적을 설명하시오.

정답 세척 · 멸균 실패로 인한 품질 · 안전 위험을 사전에 식별하고 관리하기 위함임.

해설
- 위해 평가를 통해 오염 가능성이 높은 구역 · 공정을 파악함
- 위험 수준에 따라 관리 강도를 차등 적용함
- HACCP, FMEA 기법이 대표적으로 사용됨
- GMP 시스템에서는 위해 평가 결과를 기반으로 CAPA를 수립함

04 분석 및 시험

01
분광광도계(UV-Vis spectrophotometer)의 원리를 설명하시오.

정답 시료가 특정 파장의 빛을 흡수하는 정도를 측정하여 농도를 정량함.

해설
- 흡광도(A)는 빛의 투과율과 비례 관계를 가짐(Beer-Lambert 법칙).
- 단백질, 핵산 농도 측정에 활용됨.
- 260 nm: 핵산, 280 nm: 단백질 정량에 사용됨.
- GMP 분석실에서는 분광광도계 교정 기록을 필수로 유지함.
- 시험자는 시료 용기와 파장 설정 오류가 없는지 확인해야 함.
- 정기적 검증으로 baseline drift, 감도 저하 여부를 점검함.

02
전기영동(Electrophoresis)의 기본 원리를 설명하시오.

정답 전기장을 이용해 분자를 크기·전하에 따라 분리하는 방법임.

해설
- DNA, RNA, 단백질 분석에 광범위하게 사용됨
- SDS-PAGE는 단백질을 분자량별로 분리하는 대표적 방법임
- 아가로스 겔 전기영동은 DNA 분석에 사용됨
- GMP 분석에서는 전기영동 이미지를 기록·보관하여 재현성을 확보함
- 완충액 농도, 전압 조건에 따라 분리 패턴이 달라질 수 있음
- 전기영동 장비는 과열 방지를 위해 냉각 시스템 점검이 필요함

03

크로마토그래피에서 고정상과 이동상의 역할을 설명하시오.

정답 고정상은 분리 매트릭스, 이동상은 시료를 운반하며 분리를 유도함.

해설
- 크로마토그래피는 고정상-이동상 사이의 상호작용 차이로 분리됨
- 이온교환, 겔여과, 친화성, HPLC 등 다양한 방식이 있음
- 목적 단백질 정제와 불순물 제거에 핵심적으로 활용됨
- GMP 환경에서는 칼럼 재사용 시 세척·무결성 검증이 필요함
- 이동상 조성 변화(gradient)는 분리 효율 최적화에 사용됨
- 컬럼 압력 상승은 오염·막힘 신호로 정기적 모니터링이 요구됨

04

표준품(Standard material)을 사용하는 목적을 설명하시오.

정답 시험 결과의 정확성과 비교 기준을 확보하기 위함임.

해설
- 표준품은 시험법 검증과 결과 해석의 기준점임
- 순도가 높은 물질을 사용해야 함
- 장기 보관 시 안정성 시험을 수행해야 함
- GMP 시험실에서는 표준품 관리 대장을 유지해야 함
- 불안정한 표준품은 보관 조건에 따라 분해되므로 사용 전 확인 필요함
- 시험에 사용한 표준품 lot 번호는 반드시 시험 기록에 기재해야 함

05

시료 보관 시 저온 보관이 필요한 이유를 설명하시오.

정답 분해·변질을 억제하여 안정성을 확보하기 위함임.

해설
- 단백질·효소·세포 성분은 고온에서 불안정함
- 냉장(4℃), 냉동(-20℃), 초저온(-80℃) 조건으로 보관함
- 적절한 보관 온도는 시료 특성에 따라 달라짐
- GMP 시험실에서는 보관 온도 모니터링과 기록이 의무화됨
- 전력 차단 등 비상 상황에 대비해 backup 장비와 알람 체계가 필요함
- 장기 보관 시에는 동결건조나 안정화제를 함께 사용하는 경우도 있음

06

이화학 시험에서 pH 측정의 목적을 설명하시오.

정답 용액의 산·염기 정도를 확인하여 제품 특성과 안정성을 평가하기 위함임.

해설
- pH는 단백질 안정성, 효소 활성, 용해도에 큰 영향을 줌
- 전극법으로 실시간 측정 가능함
- pH 기준은 공정 적격성과 제품 규격 설정에 활용됨
- GMP 환경에서는 교정된 pH 미터만 사용 가능함
- 전극 오염, 건조 등으로 drift 현상이 발생할 수 있어 관리가 중요함
- 시료 온도 보정이 제대로 되지 않으면 측정값에 큰 오차가 발생함

07

물질안전보건자료(MSDS)의 주요 기능을 2가지 쓰시오.

정답 ① 화학물질의 위험성 정보 제공, ② 안전 취급 방법 안내

해설
- MSDS는 화학물질 취급 시 안전 지침을 제공하는 문서임
- 물리적 특성, 독성, 응급처치, 저장·폐기 방법이 포함됨
- 작업자 교육과 사고 예방의 핵심 자료임
- GMP 규정에서는 모든 화학물질에 대해 최신 MSDS 비치를 요구함
- 국가별 규제 차이에 맞춰 SDS 형식을 업데이트해야 함
- MSDS는 화재·폭발·누출 사고 대응 훈련 자료로도 활용됨

08

HPLC(고성능 액체크로마토그래피)의 주요 검출기 중 UV 검출기의 특징을 설명하시오.

정답 시료 성분이 자외선을 흡수하는 정도를 측정하여 검출함.

해설
- 단백질, 핵산, 방향족 화합물 검출에 유용함
- 비파괴적이며 정량 정확도가 높음
- 검출 감도는 시료의 흡광 특성에 따라 달라짐
- GMP 분석실에서는 검출기 감도 검증을 정기적으로 수행함
- baseline noise, drift 등 장비 특성을 주기적으로 점검해야 함
- 이동상 용매의 자외선 흡수 특성도 고려해야 함

09
전기영동에서 Buffer(완충용액)의 역할을 설명하시오.

정답 pH와 이온 강도를 일정하게 유지하여 안정적 분리를 가능하게 함.

해설
- Buffer는 전류 흐름과 분자 이동을 일정하게 유지함
- pH가 변하면 단백질 전하가 달라져 결과 해석이 왜곡됨
- 대표적 완충액: TAE, TBE, Tris-HCl 등
- GMP 분석에서는 buffer 조성·제조 기록이 추적 가능해야 함
- 농도·조성이 바뀌면 전기영동 패턴이 크게 달라질 수 있음
- Buffer는 장기간 사용 시 미생물 오염 위험이 있어 보관 관리가 필요함

10
시험 장비 교정(Calibration)의 목적을 설명하시오.

정답 측정값의 정확성과 신뢰성을 확보하기 위함임.

해설
- 장비는 시간이 지남에 따라 오차가 발생할 수 있음
- 교정을 통해 기준값과 일치하도록 보정함
- 교정 기록은 품질 보증과 GMP 감사에서 핵심 근거임
- 장비 교정 주기는 SOP로 문서화되어야 함
- 미교정 장비 사용은 시험 무효 및 규정 위반으로 이어짐
- 외부 공인기관 교정 결과와 내부 점검 기록을 병행 관리해야 함

11
전기영동에서 SDS의 역할을 설명하시오.

정답 단백질에 음전하를 부여하여 크기(분자량)에 따라 분리되도록 함.

해설
- SDS는 단백질 1차 구조를 제외한 구조를 모두 변성시킴
- 동일한 전하/질량 비율을 만들어 크기별 이동을 가능하게 함
- SDS-PAGE는 단백질 순도 및 분자량 확인에 표준적으로 사용됨
- GMP 분석실에서는 전기영동용 SDS 시약 관리·기록을 요구함
- SDS가 불충분하면 분리가 불완전해 잘못된 결과가 나올 수 있음
- 완충액과 젤 농도 선택도 정확한 분리에 큰 영향을 줌

12

HPLC에서 이동상(Mobile phase)의 주요 관리 항목 2가지를 쓰시오.

정답 ① 용매 조성, ② 탈기 상태

해설
- 이동상 조성은 피크 분리도와 유지시간(Rt)에 직접 영향을 줌
- 기포 발생은 검출 신호 불안정의 원인이 됨
- HPLC에서는 헬륨 퍼징·진공 탈기를 통해 기포를 제거함
- GMP 환경에서는 이동상 제조 기록과 사용기한 관리가 필수임
- 이동상은 미생물 오염을 방지하기 위해 멸균여과 후 보관하기도 함
- 불안정한 용매는 분해 산물이 크로마토그래피 간섭을 일으킬 수 있음

13

단백질 정량에 사용되는 Lowry 법과 Bradford 법의 차이를 설명하시오.

정답 Lowry 법은 페놀시약 반응, Bradford 법은 Coomassie 염색 반응을 이용함.

해설
- Lowry 법은 민감도가 높으나 간섭물질(EDTA, 당 등)에 취약함
- Bradford 법은 간단하고 빠르지만 특정 아미노산에 의존적임
- 두 방법 모두 표준곡선 작성 후 정량에 활용됨
- GMP 분석실에서는 분석법 Validation을 통해 적합성을 확인함
- 시료 특성에 따라 간섭이 최소화되는 방법을 선택해야 함
- 검량선 범위를 벗어나면 정확성이 급격히 저하될 수 있음

14

전기영동에서 Agarose gel의 주요 용도를 설명하시오.

정답 DNA, RNA 등 핵산의 크기별 분리에 사용됨.

해설
- 아가로스는 다당류 겔로 큰 분자(수백 ~ 수만 bp) 분리에 적합함
- 전기영동 후 염색(DNA-binding dye)으로 밴드를 확인함
- 농도를 조절하여 분리 범위를 조정할 수 있음
- GMP 시험실에서는 핵산 크기 검증 시 표준 마커와 함께 사용함
- 전압·시간 설정이 적절치 않으면 밴드가 퍼져 정확도 저하 발생
- UV 조사 시 DNA 손상이 생길 수 있어 주의가 필요함

15

분석 시험에서 Blank 시료의 목적을 설명하시오.

정답 시험 과정 중 기기·시약의 배경 신호를 확인하기 위함임.

해설
- Blank는 오염이나 비특이적 신호를 배제하는 기준선 역할을 함
- 검량선 작성, 시료 측정 시 반드시 포함해야 함
- 시약·용매 자체의 흡광도나 형광 신호를 확인 가능함
- GMP 분석에서는 blank 결과 기록이 시험 적합성 판정에 반영됨
- Blank 없이 분석 시 위양성 결과가 나올 수 있음
- 시약 배치 변경 시 반드시 blank 검증이 수행되어야 함

16

크로마토그래피에서 "분배 계수(Distribution coefficient)"의 의미를 설명하시오.

정답 물질이 고정상과 이동상 사이에 분배되는 비율임.

해설
- 분배 계수가 큰 물질은 고정상에 오래 머무름
- 분배 계수가 작은 물질은 이동상에 빨리 용출됨
- 이 값은 물질의 분리 패턴을 결정하는 핵심 변수임
- GMP 시험실에서는 분석법 검증 시 분배 계수 재현성을 평가함
- 이동상 극성이나 pH 변화가 분배 계수에 큰 영향을 줌
- 분배 계수는 HPLC 방법 최적화에 중요한 지표임

17

전기영동 시 Loading dye의 역할을 설명하시오.

정답 시료에 무게와 색을 부여하여 겔에 주입하고 진행 상황을 확인함.

해설
- 글리세롤·샤크로스는 시료를 가라앉게 함
- 브로모페놀블루·자일렌시안올 등 염료가 전기영동 진행을 가시화함
- Loading dye는 시료 보호제 역할도 함
- GMP 분석에서는 dye 성분과 농도를 SOP에 맞게 사용해야 함
- 염료가 DNA/RNA 분석에 간섭할 수 있어 적정 농도 유지가 중요함
- 고농도 사용 시 밴드 왜곡, smear 현상을 일으킬 수 있음

18

시험실에서 사용되는 표준곡선(Standard curve)의 목적을 설명하시오.

정답 시료 농도를 미지의 값에서 정량하기 위한 기준선을 제공함.

해설
- 표준물질의 농도와 신호값을 플로팅하여 작성함
- 직선성($R^2 \geq 0.99$)이 확보되어야 신뢰성이 있음
- 모든 정량 시험에서 필수적으로 작성되는 기본 자료임
- GMP 시험실에서는 표준곡선 데이터를 시험기록서에 보관함
- 보정선이 휘거나 낮은 상관계수는 시험 무효 사유가 됨
- 반복 시험으로 직선성 범위와 재현성을 확인해야 함

19

HPLC에서 Column pressure 상승의 주요 원인 2가지를 쓰시오.

정답 ① 컬럼 오염, ② 이동상 내 불순물 축적

해설
- 샘플 불순물이 축적되면 압력이 증가함
- 이동상 준비가 부적절하면 미세 입자가 쌓여 막힘 발생
- 전처리 필터 사용으로 압력 상승을 예방할 수 있음
- GMP 분석실에서는 컬럼 세척·보관 절차를 SOP로 규정함
- 장기간 사용 시 컬럼 충전제 붕괴도 압력 상승의 원인이 됨
- 압력이 기준치를 넘으면 분석 결과 왜곡이 발생할 수 있음

20

전기영동에서 Ladder(분자량 표지)의 목적을 설명하시오.

정답 시료의 크기와 이동 거리를 비교하여 분자량을 추정하기 위함임.

해설
- Ladder는 알려진 크기의 분자들이 혼합된 표준 시료임
- 시료 밴드와 비교하여 DNA/RNA/단백질 크기를 추정함
- 분석의 정량성·정확성을 높이는 기준 자료임
- GMP 시험실에서는 ladder lot 번호와 사용 기록을 관리해야 함
- Ladder가 없으면 절대적인 분자량 추정이 불가능함
- 보관 조건에 따라 밴드 강도가 감소하므로 사용 전 확인 필요함

21

분석 시험에서 시료 전처리(Pre-treatment)가 중요한 이유를 설명하시오.

정답 분석 간섭 물질을 제거하고 정확한 결과를 얻기 위함임.

해설
- 복잡한 시료에는 단백질, 염, 지질 등이 함께 존재함
- 전처리를 통해 분석 대상 외 불순물을 제거해야 함
- 추출, 여과, 원심분리, 농축 등의 방법이 사용됨
- GMP 분석실에서는 전처리 조건과 회수율을 검증해야 함
- 전처리가 불충분하면 피크 왜곡, baseline 상승 등 오류 발생
- 시험법 Validation에 전처리 효율 항목이 포함됨

22

분광광도계 시험에서 Beer-Lambert 법칙의 의미를 설명하시오.

정답 흡광도는 농도와 광로 길이에 비례한다는 법칙임.

해설
- $A=\varepsilon cl$ (ε: 몰 흡광계수, c: 농도, l: 광로 길이)
- 직선성이 확보되면 농도를 정량할 수 있음
- 고농도에서는 직선성이 무너져 희석이 필요함
- GMP 시험에서는 검량선의 직선성($R^2 \geq 0.99$)을 검증해야 함
- 광원 강도 변화, 셀 오염은 Beer-Lambert 법칙 성립에 영향을 줌
- 장비 교정 시 표준 용액으로 법칙의 적용성을 확인함

23

시험실에서 Positive control(양성 대조)의 목적을 설명하시오.

정답 시험이 제대로 수행되고 있는지 확인하기 위함임.

해설
- Positive control은 예상되는 반응을 반드시 보여야 함
- 시약 · 기기 · 절차가 정상적으로 작동하는지 검증함
- 부적절하면 시험 전체가 무효로 처리됨
- GMP 시험에서는 대조군 결과도 시험 기록에 포함해야 함
- Positive control이 없으면 위음성(false negative) 위험이 커짐
- 새로운 시험법 검증 시에는 반드시 포함되는 기준 항목임

24
전기영동에서 Ethidium bromide(EtBr)의 역할을 설명하시오.

정답 DNA 염기 사이에 결합하여 형광으로 시각화함.

해설
- EtBr은 UV에서 오렌지색 형광을 발함
- DNA 밴드를 확인하는 가장 전통적인 염색제임
- 강한 돌연변이 유발 물질이므로 취급 시 안전 관리가 필요함
- GMP 시험실에서는 EtBr 대신 SYBR Safe, GelRed 등 대체제를 권장함
- 염색 농도가 과도하면 배경 신호가 강해져 밴드 판독이 어렵다
- 보관 조건(빛·온도)에 따라 형광 세기가 저하될 수 있음

25
분석 시험에서 Negative control(음성 대조)의 목적을 설명하시오.

정답 비특이적 반응을 확인하여 시험 신뢰성을 보장하기 위함임.

해설
- Negative control은 반응이 없어야 정상임
- 오염 여부, 비특이적 결합 여부를 검증함
- 결과 해석의 기준점 역할을 함
- GMP 시험에서는 모든 시험에 음성 대조를 포함해야 함
- 위양성(false positive)을 방지하는 핵심 장치임
- 대조군 설정 오류는 전체 시험 결과 무효로 이어짐

26
HPLC에서 Gradient elution(기울기 용리)의 장점을 설명하시오.

정답 분리 효율을 높이고 복합 혼합물 분석에 적합함.

해설
- 시간이 지남에 따라 이동상 조성을 변화시킴
- 초기에는 약한 용리력으로 분리, 이후 강한 용리력으로 용출
- 복잡한 혼합물도 효율적으로 분리 가능함
- GMP 시험에서는 gradient 재현성 검증이 필수임
- Gradient 프로그램 설정 오류는 retention time 변동을 초래함
- Pump 성능·용매 혼합 정확성이 분석 품질에 직결됨

27

시험 장비에서 Qualification(적격성 평가)의 목적을 설명하시오.

정답 장비가 규격에 맞게 설치 · 작동 · 성능을 발휘하는지 확인하기 위함임.

해설
- IQ(설치 적격성), OQ(운전 적격성), PQ(성능 적격성) 단계가 있음
- GMP 규정에서 모든 분석 장비는 Qualification을 거쳐야 사용 가능함
- 장비 무자격 사용은 시험 무효 사유가 됨
- Qualification은 교정 · Validation과 함께 품질 보증의 핵심임
- 장비 교체 · 이동 시에는 재평가가 요구됨
- 기록은 품질 감사 및 규제 심사 시 주요 검토 항목임

28

시험실에서 사용하는 Reference standard(기준물질)의 요건을 설명하시오.

정답 고순도, 안정성, 추적 가능한 인증이 보장되어야 함.

해설
- Reference standard는 시험 결과의 기준점이 됨
- 보관 · 사용 조건이 엄격히 관리되어야 함
- 국가 공인 기관이 발급한 인증서(CoA)가 요구됨
- GMP 분석에서는 기준물질의 lot 추적이 필수임
- 불안정한 물질은 보관 중 분해되어 시험 오류 유발
- 사용량 · 폐기 기록까지 관리 체계에 포함됨

29

전기영동에서 Smearing(번짐 현상)의 원인 2가지를 쓰시오.

정답 ① 과량의 시료 주입, ② 전압 과다 또는 완충액 문제

해설
- 시료 과량은 밴드가 두껍고 번져 보이게 함
- 전압이 높으면 열 발생으로 분리가 왜곡됨
- 완충액 농도가 부적절하면 전류 흐름이 불안정함
- GMP 시험실에서는 전기영동 조건을 SOP로 표준화함
- DNA 손상, 단백질 변성도 smearing 원인이 될 수 있음
- 젤 농도가 너무 낮거나 높아도 밴드 해상도가 저하됨

30

분석 시험에서 Robustness(견고성)의 의미를 설명하시오.

정답 작은 조건 변화에도 시험 결과가 일관되게 유지되는 특성임.

해설
- Robustness는 시험법 Validation 항목 중 하나임
- 온도, pH, 시료 준비 조건이 약간 달라도 결과가 동일해야 함
- 견고성이 낮으면 재현성 확보가 어렵고 신뢰성이 떨어짐
- GMP 환경에서는 Robustness 시험을 통해 방법 안정성을 입증함
- 시약·기기 batch 간 차이가 성능에 영향을 주지 않아야 함
- Robustness 확보는 장기적인 품질 보증의 핵심임

31

시험법 Validation에서 Accuracy(정확성)의 의미를 설명하시오.

정답 실제 값과 측정 값이 얼마나 일치하는지를 나타내는 특성임.

해설
- Accuracy는 참값과 근접성을 평가함
- 회수율 시험으로 확인하며 보통 98~102% 범위를 허용함
- 표준물질 첨가 후 결과가 이 범위 내에 있어야 함
- GMP 환경에서는 Validation 보고서에 Accuracy 결과를 포함해야 함
- Accuracy가 낮으면 시험 신뢰성이 떨어지고 규격 외 판정을 초래함
- 장비 상태, 시료 전처리 오류가 Accuracy 저하의 주요 원인임

32

시험법 Validation에서 Precision(정밀성)의 의미를 설명하시오.

정답 반복 측정 시 결과가 얼마나 일관되게 나타나는지를 의미함.

해설
- Precision은 데이터 간 분산 정도를 나타냄
- 반복성(intra-assay)과 재현성(inter-assay)으로 구분함
- 보통 RSD(상대표준편차) ≤ 2% 이내여야 함
- GMP 시험실에서는 동일 조건·다른 조건에서 모두 평가함
- Precision 저하는 장비 drift, 환경 변화, 조작 오류로 발생함
- 정밀성 확보는 QC 시험 결과 신뢰성 보증의 핵심임

33

시험법 Validation에서 Specificity(특이성)의 의미를 설명하시오.

정답 시험 대상 물질만을 선택적으로 검출 · 정량하는 능력임

해설
- 간섭 물질이 있어도 목표 성분만을 확인할 수 있어야 함
- HPLC에서는 분리 피크의 순도가 특이성 판단 기준이 됨
- 생물학적 시험에서는 항체 · 항원의 선택성이 이에 해당함
- GMP 환경에서는 matrix effect 평가가 Validation의 일부임
- 특이성이 낮으면 위양성 · 위음성 위험이 높아짐
- 시험법 신뢰성 확보를 위해 반드시 검증해야 하는 항목임

34

시험법 Validation에서 Linearity(직선성)의 의미를 설명하시오.

정답 시료 농도와 측정 신호가 일정 범위에서 직선적으로 비례하는 성질임.

해설
- 검량선 작성 시 $R^2 \geq 0.99$ 이상 확보가 요구됨
- 직선성이 확보되지 않으면 정량 분석이 불가능함
- 보통 최소 5점 이상의 표준 용액으로 평가함
- GMP 환경에서는 직선성 시험 결과와 회귀식이 기록에 포함됨
- 직선성이 깨지면 고농도 · 저농도 시료 분석이 왜곡됨
- 희석 배수 · 측정 파장 설정이 직선성 유지에 중요 요소임

35

시험법 Validation에서 LOD(검출한계)의 의미를 설명하시오.

정답 검출은 가능하지만 정량은 불가능한 최소 농도임.

해설
- LOD는 신호대잡음비(S/N) ≥ 3 수준에서 정의됨
- 극미량 불순물 검출에 활용됨
- 정량이 불가능하므로 결과는 "검출됨/불검출"로만 표시함
- GMP 시험실에서는 불순물 시험에 LOD를 적용함
- 분석 장비 감도, baseline noise가 LOD 결정에 영향을 줌
- 시험법 개선으로 LOD를 낮추는 것이 고감도 분석의 목표임

36

시험법 Validation에서 LOQ(정량한계)의 의미를 설명하시오.

정답 정량이 가능한 최소 농도임

해설
- LOQ는 신호대잡음비(S/N) ≥ 10 수준에서 정의됨
- LOQ 이상에서만 정량 결과를 신뢰할 수 있음
- 불순물, 잔류용매 시험에서 중요한 기준임
- GMP 환경에서는 LOQ 값과 검증 자료가 보고서에 포함됨
- LOQ가 높은 시험법은 저농도 검출에서 부적합 판정을 유발함
- Method development 단계에서 LOQ 최적화가 필수임

37

분석 시험에서 Recovery(회수율) 시험의 목적을 설명하시오.

정답 시료 처리 과정에서 분석 대상 성분이 손실 없이 회수되는지 평가하기 위함임.

해설
- 표준물질을 첨가해 회수율을 계산함
- 보통 95 ~ 105% 범위를 허용함
- 회수율이 낮으면 전처리 손실, 분해 가능성을 시사함
- GMP 시험에서는 회수율 시험 결과가 Validation 핵심 자료임
- 불완전한 추출·여과 과정이 회수율 저하 원인임
- 회수율은 Accuracy 보정에도 활용되는 데이터임

38

시험실에서 사용하는 Internal standard(내부표준)의 목적을 설명하시오.

정답 시료 주입량 변동을 보정하여 정량 정확성을 높이기 위함임.

해설
- 내부표준은 분석 대상과 성질이 유사하지만 구분 가능한 물질임
- 시료와 함께 주입해 상대적 면적비로 정량함
- HPLC, GC 분석에서 널리 사용됨
- GMP 시험에서는 내부표준 선택·적합성 검증이 요구됨
- 내부표준 농도 변화는 정량 신뢰성에 직접 영향을 줌
- 선택이 잘못되면 오히려 정밀성을 떨어뜨릴 수 있음

39

시험실에서 Out of specification(OOS) 결과가 발생했을 때 기본 조치 절차를 설명하시오.

정답 시험 재확인, 원인 조사, CAPA 수립을 거쳐 최종 판정함.

해설
- OOS는 시험 결과가 규격을 벗어나는 경우임
- 우선 분석 오류 여부를 재검토함
- 장비 · 시료 · 시험자 원인 분석 후 CAPA를 수행함
- GMP 규정에서는 OOS 조사 절차가 문서화되어 있어야 함
- 근거 없는 반복시험은 금지되며, 공식 보고서 작성이 의무임
- 반복적 OOS는 공정 자체의 문제 가능성을 시사함

40

시험실에서 Out of trend(OOT)의 의미를 설명하시오.

정답 규격에는 적합하지만 과거 결과와 비교했을 때 이상 편차를 보이는 경우임.

해설
- 예 : 규격은 합격이나 이전 데이터보다 지나치게 높거나 낮은 값
- 장기 안정성 시험에서 자주 발생함
- 원인 분석 후 필요 시 시험법 · 공정 개선을 검토함
- GMP 시험실에서는 OOT도 공식적으로 기록 · 조사 대상임
- 방치 시 OOS로 이어질 수 있어 선제적 조치가 필요함
- 통계적 관리도구(트렌드 분석)가 활용됨

41

분석 장비의 System suitability test(SST)의 목적을 설명하시오.

정답 시험 전 장비와 분석 조건이 적합한지 확인하기 위함임.

해설
- SST는 기기 상태, 분리능, 이론단수, 피크 대칭성을 점검함
- HPLC, GC 시험에서 가장 일반적으로 수행됨
- 기준을 충족하지 않으면 시험 결과는 무효 처리됨
- GMP 환경에서는 SST 결과가 시험 적합성 판정의 근거가 됨
- SST 기록은 매 시험마다 보고서에 포함되어야 함
- 기준 이탈 시 즉시 원인 분석과 조치가 필요함

42

시험실에서 크로마토그램 피크의 Resolution(분리도) 평가 목적을 설명하시오.

정답 서로 다른 성분 피크가 충분히 분리되었는지를 확인하기 위함임.

해설
- Resolution ≥ 1.5 이상이면 두 성분이 완전히 분리됨
- 낮은 분리도는 피크 중첩으로 정량 오류를 유발함
- 컬럼 길이, 입자 크기, 이동상 조건이 분리도에 영향을 줌
- GMP 시험실에서는 Resolution 결과를 SST 항목에 포함함
- 장비 열화, 시료 전처리 오류도 분리도 저하 원인임
- Resolution 확보는 시험법 신뢰성의 필수 조건임

43

시험실에서 Carry-over(시료 잔류)의 의미와 대책을 설명하시오.

정답 이전 시료가 장비에 남아 다음 시험 결과에 영향을 주는 현상임.

해설
- 주로 HPLC, LC-MS, GC에서 발생함
- 잔류 피크가 검출되면 정량 신뢰성이 저하됨
- 대책: blank 주입, 주입기 세척, 이동상 세척 강화 등
- GMP 환경에서는 carry-over 시험을 Validation에 포함시킴
- 시료 점도가 높거나 흡착성이 강하면 carry-over 위험이 큼
- 정기적인 주입 시스템 점검으로 예방 가능함

44

시험실에서 System blank가 중요한 이유를 설명하시오.

정답 장비 자체나 이동상에서 발생하는 배경 신호를 확인하기 위함임.

해설
- blank를 주입해 baseline 안정성을 확인함
- 이물, 오염, ghost peak 여부를 확인 가능함
- System blank 이상은 시약·장비 청결 문제를 시사함
- GMP 시험실에서는 blank 데이터도 기록 관리 대상임
- Blank 부적합 시 시험을 중단하고 원인을 먼저 해결해야 함
- 반복적 ghost peak는 이동상 용기·튜빙 문제일 수 있음

45

시험법 Validation에서 Ruggedness(견실성)의 의미를 설명하시오.

정답 분석자가 바뀌거나 환경이 달라져도 결과가 일관되는 성질임.

해설
- 시험실 간, 장비 간 차이가 있어도 결과가 동일해야 함
- Precision과 유사하지만 더 넓은 개념임
- Validation에서 재현성(intermediate precision) 항목으로 평가함
- GMP 환경에서는 다수의 분석자가 참여하여 검증함
- Ruggedness가 낮으면 시험법의 신뢰성이 부족하다고 판정됨
- 장기적 품질 보증을 위해 반드시 확보해야 하는 요소임

46

시험실에서 Matrix effect(매트릭스 효과)의 의미를 설명하시오.

정답 시료 중 다른 성분이 분석 신호에 간섭을 주는 현상임.

해설
- LC-MS, GC-MS 등 고감도 기기에서 자주 발생함
- 매트릭스 성분이 이온화를 방해하거나 신호를 강화함
- 표준첨가법, 내부표준법으로 보정 가능함
- GMP 분석실에서는 Validation에서 매트릭스 효과 평가가 필수임
- 매트릭스 효과가 심하면 정량 정확도가 떨어짐
- 시료 전처리 최적화가 해결책으로 권장됨

47

시험실에서 Robust sample preparation(견고한 시료 전처리)이 필요한 이유를 설명하시오.

정답 분석 조건 변동에도 안정적이고 재현성 있는 결과를 확보하기 위함임.

해설
- 시료 전처리 단계는 오차 발생 가능성이 높은 구간임
- 견고성이 확보되지 않으면 분석 결과 변동이 커짐
- 적절한 전처리 조건 최적화가 필수임
- GMP 시험실에서는 전처리 과정도 Validation 범위에 포함됨
- 전처리 효율 저하가 Accuracy · Precision 저하의 직접 원인임
- 표준작업서(SOP) 기반으로 반복 가능성을 확보해야 함

48

시험실에서 Stability test(안정성 시험)의 목적을 설명하시오.

정답 시료나 제품이 저장 조건에서 품질을 유지하는지 확인하기 위함임.

해설
- 장기 · 가속 · 중간 조건에서 안정성을 시험함
- 주요 지표: 함량, 분해산물, 물리적 변화, 미생물 오염
- 안정성 시험은 유효기간 설정 근거가 됨
- GMP 시험실에서는 안정성 시험 계획서와 보고서가 필수임
- 저장 조건(온도, 습도, 빛)은 시험 설계에 반영해야 함
- Stability failure는 재포뮬레이션이나 재시험을 요구할 수 있음

49

시험실에서 Analytical method transfer(분석법 이전)의 목적을 설명하시오.

정답 개발된 분석법을 다른 시험실 · 공장으로 동일하게 적용하기 위함임.

해설
- 분석법 개발 후 상업생산 단계에서 다른 기관으로 이전함
- 이전 시험실에서도 동일한 결과가 나와야 함
- GMP 규정에서는 method transfer protocol 수립이 필수임
- 실패 시 method revalidation이 요구됨
- 분석자 교육, 장비 적합성, SOP 표준화가 중요 요소임
- 국제 협업 시 ICH Q2, Q14 가이드라인을 준수해야 함

50

시험실에서 Data integrity(데이터 무결성)의 의미를 설명하시오.

정답 시험 데이터가 위조 · 변조 없이 완전하고 신뢰성 있게 유지되는 성질임.

해설
- ALCOA 원칙(Attributable, Legible, Contemporaneous, Original, Accurate)을 준수해야 함
- 원본 데이터와 변경 기록은 모두 보존해야 함
- 전자 데이터는 감사 추적(Audit trail)이 필수임
- GMP 규정에서 데이터 무결성 위반은 중대한 품질 문제임
- 위반 시 생산 중단, 제품 리콜, 규제 제재로 이어질 수 있음
- 교육 · 절차 · 시스템 관리가 데이터 무결성 보장의 핵심임

❸ 공식 및 계산형 예상문제

공식 및 계산형 예상문제

01

5 M H_2SO_4 원액을 사용하여 0.002 M 용액 1500 mL를 제조하려 한다. 필요한 원액의 부피를 계산하시오.

정답 0.6 mL

해설
- 공식: $C_1V_1 = C_2V_2$
- $V_1 = (C_2 \times V_2)/C_1 = (0.002 \times 1500)/5 = 0.6$ mL
- 필답형 작성 시 단위 환산(mL ↔ L)에 유의해야 함

02

포도당 18 g을 물 1 L에 녹였을 때 용액의 몰농도를 계산하시오. (분자량=180 g/mol)

정답 0.1 M

해설
- 몰수 = 18/180 = 0.1 mol
- 몰농도 = 0.1 mol ÷ 1 L = 0.1 M
- 기초 화학 계산으로 자주 출제됨

03

용액 1 L에 NaCl 0.5 g이 녹아 있을 때 이 용액의 농도를 ppm으로 나타내시오.

정답 500 ppm

해설
- ppm = (mg 용질 / L 용액)
- 0.5 g = 500 mg → 500 mg/L = 500 ppm
- 환경·위생 관련 기출에서 반복됨

04

0.01 M HCl 용액의 pH를 계산하시오.

정답 pH = 2

해설
- pH = −log[H^+]
- [H^+] = 0.01 M → pH = 2
- 강산은 완전 해리 가정 적용

05

pKa_1=2.3, pKa_2=9.7인 아미노산의 등전점을 계산하시오.

정답 pI = 6.0

해설
- pI = (pKa_1+pKa_2)/2 = (2.3+9.7)/2 = 6.0
- 중성 아미노산 공식. 산성·염기성 아미노산은 별도 계산 필요

06

Bacillus spore 4.2×10^{12}개가 121℃에서 15분간 멸균 후 1.3×10^6개 생존하였다. 십진감소시간(D값)을 계산하시오.

정답 2.304 min

해설
- D = t ÷ (logN_0 − logN)
  = 15 ÷ (12.623 − 6.114) ≈ 2.304 min
- 멸균공정 검증의 핵심 계산

07

121℃에서 멸균할 때, D=1.5 min일 때 12 log 감소를 얻기 위해 필요한 F_0 값을 계산하시오.

정답 18 min

해설
- F_0 = D × log 감소수 = 1.5 × 12 = 18 min
- 필답형 작성 시 log 감소 수 해석 주의

08

세포농도 X가 0.1 g/L에서 0.4 g/L로 2시간 동안 증가하였다. 비성장속도(μ)를 계산하시오.

정답 0.693 h^{-1}

해설
- $\mu = (\ln X_2 - \ln X_1)/\Delta t$
- $= (\ln 0.4 - \ln 0.1)/2 = 0.693$
- 배양 성장 곡선 해석 기본

09

부피 1 L 발효조에서 세포농도 20 g/L, 배지 유입속도 0.25 L/h일 때 균체 생산성을 계산하시오.

정답 5 g/L · h

해설
- 희석율 D = F/V = 0.25/1 = 0.25 h^{-1}
- Q_x = D × X = 0.25×20=5 g/L · h
- 연속배양 Chemostat 계산 기초

10

α=3.0, β=0.1, μ=0.2 h^{-1}, X=5 g/L일 때 Leudeking-Piret 식을 이용하여 산물 생성율을 계산하시오.

정답 3.5 g/L · h

해설
- (1/X)(dP/dt)=$\alpha\mu+\beta$
- dP/dt=($\alpha\mu+\beta$)×X
  =(0.6+0.1)×5=3.5 g/L · h
- 젖산 · 에탄올 발효 기출 유형

11

효소가 5분 동안 기질 20 μmol을 분해하였다. 이 효소의 활성(Unit, U)을 계산하시오. (1 U = 1 μmol/min 분해 능력)

정답 4 U

해설
- 효소 활성 = (총 분해량 ÷ 반응시간) ÷ 1 μmol/min
  = (20 ÷ 5) ÷ 1 = 4 U
- 필답형 기출에서 가장 기본적인 효소 단위 문제

12

총 단백질량 10 mg에서 효소 활성 50 U가 측정되었다. 이 효소의 특이활성을 계산하시오.

정답 5 U/mg

해설
- Specific activity = 효소 활성 ÷ 단백질량
  = 50 ÷ 10 = 5 U/mg
- 정제 단계 효율 비교에 필수 계산

13

효소 반응에서 Vmax=100 μmol/min, Km=5 mM, 기질농도 [S]=5 mM일 때 반응속도를 계산하시오.

정답 50 μmol/min

해설
- v = (Vmax×[S])/(Km+[S])
  = (100×5)/(5+5) = 50 μmol/min
- Km=[S]일 때 v=Vmax/2 규칙 확인 문제

14

세포 배양에서 산소전달속도(OTR)가 200 mmol/L·h, 용존 산소 농도차 ΔC=2 mmol/L일 때 kLa를 계산하시오.

정답 100 h^{-1}

해설
- 공식: OTR = kLa×ΔC
- kLa = OTR ÷ ΔC = 200 ÷ 2 = 100
- 배양기 성능 지표로 자주 등장

15

1 mol 기체가 1 atm, 298 K에서 차지하는 부피를 계산하시오. (R=0.082 L·atm/mol·K)

정답 24.5 L

해설
- V = nRT/P
  = (1×0.082×298)/1 = 24.5 L
- 기체법칙 기출 기본형

16

포도당 1 mol 완전 산화 시 38 mol ATP가 생성된다. 포도당 180 g이 완전히 분해되면 ATP 몇 g이 생성되는가? (ATP 분자량=507 g/mol)

정답 19,266 g

해설
- 포도당 1 mol = 180 g → ATP 38 mol
- 38×507 = 19,266 g
- 실제 효율은 30 ~ 32 ATP로 시험에서 언급됨.

17

세포농도 5 g/L, 기질 소비속도 qS=2 g/g · h일 때 기질 소비율 rS를 계산하시오.

정답 10 g/L · h

해설
- rS = qS×X
  = 2×5 = 10 g/L · h
- 필답형 기출에서 자주 반복됨

18

발효조에서 세포농도 X=5 g/L, 산물농도 P=20 g/L, 기질 소비량 S=50 g/L일 때 산물수율 YP/S를 계산하시오.

정답 0.4 g/g

해설
- YP/S = P/S = 20/50 = 0.4 g/g
- 산물수율 계산은 생산성 평가 핵심

19

발효조 내 세포농도 20 g/L, 배양액 부피 1 L, 배지 유입속도 0.25 L/h일 때 체적 생산성을 계산하시오.

정답 5 g/L · h

해설
- 희석율 D=F/V=0.25/1=0.25 h^{-1}
- 생산성 Qx = D×X = 0.25×20=5 g/L · h
- 연속배양 chemostat 계산 기출유형

20

발효공정에서 α=3.0, β=0.1, μ=0.2 h^{-1}, 세포농도 X=5 g/L일 때 Leudeking-Piret 식으로 산물 생성율을 계산하시오.

정답 3.5 g/L · h

해설
- (1/X)(dP/dt)=$\alpha\mu+\beta$
- dP/dt=($\alpha\mu+\beta$)×X
  =(0.6+0.1)×5=3.5 g/L · h
- 젖산 · 에탄올 발효 관련 단골 기출

21

멸균에서 z값이란 무엇인지 정의하고, D값이 121℃에서 1.5분, 111℃에서 15분일 때 z값을 계산하시오.

정답 10℃

해설
- z값: D값이 10배 변화하는 온도 차이.
- log(D_2/D_1) = (T_1-T_2)/z
- log(15/1.5) = (121-111)/z → log10=10/z → z=10℃

22

초기 세포수 1×10^6개가 6시간 후 1×10^9개로 증가하였다. 세포의 평균 비성장속도 μ를 계산하시오.

정답 $1.15\ h^{-1}$

해설
- $\mu = (\ln X_2 - \ln X_1)/\Delta t$
  $= (\ln 10^9 - \ln 10^6)/6 = (20.723 - 13.816)/6 = 1.15\ h^{-1}$

23

세포수가 $1 \times 10^6 \rightarrow 8 \times 10^6$개로 증가하는데 걸린 시간이 4시간이었다. 배가시간(doubling time)을 계산하시오.

정답 2 h

해설
- $N = N_0 \times 2^n$, doubling time $t_d = \ln 2/\mu$
- $\mu = (\ln 8 \times 10^6 - \ln 1 \times 10^6)/4 = (15.894 - 13.816)/4 = 0.52$
- $t_d = \ln 2/0.52 = 1.33\ h$ (≈2배 증가시간 2 h로 환산)

24

효소 A는 Km=1 mM, Vmax=100 μmol/min, 효소 B는 Km=5 mM, Vmax=100 μmol/min이다. [S]=1 mM일 때 반응속도가 높은 효소는?

정답 효소 A (50 μmol/min)

해설
- $v = (V_{max}[S])/(K_m + [S])$
- 효소 A : $(100 \times 1)/(1+1) = 50$
- 효소 B : $(100 \times 1)/(5+1) = 16.7$
- Km이 낮을수록 친화도 높음

25

효소 A의 특이활성이 5 U/mg, 효소 B의 특이활성이 20 U/mg일 때, 효소 B의 정제도는 A보다 몇 배 높은가?

정답 4배

해설
- 정제도 = 특이활성B/특이활성A = 20/5 = 4
- 효소 정제 과정 비교 기출 유형

26

세포 배양에서 OD_{600}=0.5가 균체농도 0.2 g/L에 해당한다. OD=1.5일 때 세포농도는?

정답 0.6 g/L

해설
- 선형관계 가정: $(X_1/OD_1)=(X_2/OD_2)$
- $0.2/0.5=X_2/1.5$ → X_2=0.6 g/L

27

발효조에서 산소전달계수 kLa=100 h^{-1}, 산소 포화농도 C* = 8 mg/L, 현재 DO=2 mg/L일 때 산소전달속도(OTR)를 계산하시오.

정답 600 mg/L · h

해설
- OTR=kLa×(C*−C)
  =100×(8−2)=600 mg/L · h

28

배양액 내 포도당 100 g이 세포 성장과 산물 생성에 사용되었다. 세포 40 g, 산물 20 g 생성 시 기질 전환율(YX/S, YP/S)을 계산하시오.

정답 YX/S=0.4 g/g, YP/S=0.2 g/g

해설
- YX/S=X/S=40/100=0.4
- YP/S=P/S=20/100=0.2

29

발효조 내 체적 2 L, 세포농도 10 g/L, 유입속도 0.5 L/h일 때 균체 생산성을 계산하시오.

정답 2.5 g/L · h

해설
- D=F/V=0.5/2=0.25 h^{-1}
- Qx=D×X=0.25×10=2.5 g/L · h

30

0.1 M 약산($Ka=1\times10^{-5}$)의 pH를 근사 계산하시오.

정답 pH ≈ 3

해설
- $[H^+]=\sqrt{(Ka \times C)}=\sqrt{(1\times10^{-5}\times 0.1)}=1\times10^{-3}=0.001$
- pH=−log(0.001)=3
- 약산 해리 공식 자주 출제

31

0.1 M NaOH 용액 50 mL를 0.05 M H_2SO_4 용액으로 적정하였다. 필요한 H_2SO_4 용액의 부피를 계산하시오.

정답 25 mL

해설
- 반응식: $2NaOH + H_2SO_4 \rightarrow Na_2SO_4 + 2H_2O$
- 당량식: $N_1V_1 = N_2V_2$
- N(NaOH)=0.1×1=0.1, V=50 mL → 당량=5 meq
- H_2SO_4 N=0.05×2=0.1 → V=50×0.1/0.1=25 mL

32

0.5 M 초산 용액($Ka=1.8×10^{-5}$)의 pH를 계산하시오.

정답 pH ≈ 2.9

해설
- $[H^+]=\sqrt{Ka \times C}=\sqrt{1.8 \times 10^{-5} \times 0.5}=3 \times 10^{-3}$
- pH=$-\log(3 \times 10^{-3})$=2.52 (근사하여 ≈ 2.9)
- 약산 해리도 공식 활용

33

초기 기질농도 20 g/L, 남은 기질농도 5 g/L, 생성된 세포농도 5 g/L일 때 세포수율(YX/S)을 계산하시오.

정답 0.33 g/g

해설
- 소비된 기질=20-5=15 g/L
- YX/S=X/S=5/15=0.33 g/g
- 세포 성장 효율 평가 기본

34

OD_{600}=1.0이 세포농도 0.5 g/L에 해당한다. 발효조에서 OD_{600}=2.5가 측정되었다. 세포농도를 계산하시오.

정답 1.25 g/L

해설
- 선형관계 가정: $(X_1/OD_1)=(X_2/OD_2)$
- $0.5/1 = X_2/2.5$ → X_2=1.25 g/L

35

25°C에서 1 mol 기체가 1 atm에서 차지하는 부피를 계산하시오. (R=0.082 L · atm/mol · K)

정답 24.5 L

해설
- V=nRT/P
  =(1×0.082×298)/1=24.5 L
- 기체법칙 기본형

36

반응속도상수 k=0.2 min^{-1}, 반응시간 30분일 때 잔여 기질 농도를 구하시오. (초기농도=100 g/L, 1차 반응 가정)

정답 0.25 g/L

해설
- 1차 반응식 : $C = C_0 e^{(-kt)}$
- $C = 100e^{(-0.2 \times 30)} = 100e^{(-6)} = 0.25 g$

37

ATP 1 mol은 7.3 kcal 에너지를 방출한다. 포도당 1 mol 산화 시 38 ATP가 생성된다면 총 방출 에너지를 kcal 단위로 계산하시오.

정답 277 kcal

해설
- 에너지=7.3×38=277.4 kcal
- 생리적 에너지 수치 기출 반영

38

발효조 체적 3 L, 세포농도 10 g/L, 유입속도 0.6 L/h일 때 균체 생산성을 계산하시오.

정답 2 g/L · h

해설
- D=F/V=0.6/3=0.2 h^{-1}
- Qx=D×X=0.2×10=2 g/L · h

39

초기 세포수 $1×10^6$개가 8시간 후 $1×10^9$개로 증가하였다. 평균 비성장속도 μ를 계산하시오.

정답 0.86 h^{-1}

해설
- $\mu=(\ln X_2 - \ln X_1)/\Delta t$
  =(20.72−13.82)/8=0.86 h^{-1}

40

완충용액 0.1 M CH₃COOH(Ka=1.8×10⁻⁵)와 0.1 M CH₃COONa 혼합용액의 pH를 계산하시오.

정답 pH ≈ 4.74

해설
- pH=pKa+log([A⁻]/[HA])
  =4.74+log(0.1/0.1)=4.74
- Henderson-Hasselbalch 공식 기출 유형

41

0.2 M NaOH 용액 25 mL를 중화하는 데 필요한 0.1 M HCl 용액의 부피를 계산하시오.

정답 50 mL

해설
- 중화 반응식: NaOH + HCl → NaCl + H₂O
- C₁V₁=C₂V₂ → 0.2×25=0.1×V₂
- V₂=50 mL

42

0.1 M H₂SO₄ 용액의 노르말농도를 계산하시오.

정답 0.2 N

해설
- H₂SO₄는 2가 산 → N=2×M=0.2
- 필답형 기본 산·염기 농도 환산 문제

43

포도당 10 g을 1 L에 녹였을 때 몰농도를 계산하시오. (분자량=180 g/mol)

정답 0.056 M

해설
- 몰수=10/180=0.056 mol
- 몰농도=0.056 mol/1 L=0.056 M

44

1차 반응에서 반감기($t_{1/2}$)는 20분이다. 반응속도상수 k를 계산하시오.

정답 0.0347 min^{-1}

해설
- $t_{1/2}$=ln2/k
- k=0.693/20=0.0347 min^{-1}

45

배양액 세포농도 X=8 g/L, 기질소비율 qS=1.5 g/g · h일 때 기질소비율 rS를 계산하시오.

정답 12 g/L · h

해설
- rS=qS×X=1.5×8=12 g/L · h

46

효소 반응에서 Km=2 mM, Vmax=120 μmol/min, [S]=8 mM일 때 반응속도를 계산하시오.

정답 96 μmol/min

해설
- v=(Vmax×[S])/(Km+[S])
  =(120×8)/(2+8)=96 μmol/min

47

발효조 용적 2 L, 세포농도 15 g/L, 배지 유입속도 0.3 L/h일 때 균체 생산성을 계산하시오.

정답 2.25 g/L · h

해설
- $D=F/V=0.3/2=0.15\ h^{-1}$
- $Q_x=D\times X=0.15\times15=2.25$ g/L · h

48

ATP 1 mol(507 g)이 7.3 kcal 에너지를 방출한다. 10 g ATP 분해 시 방출되는 에너지를 계산하시오.

정답 0.144 kcal

해설
- 10 g ATP=10/507=0.0197 mol
- 방출에너지=0.0197×7.3=0.144 kcal

49

0.01 M HNO_3 용액의 pH를 계산하시오.

정답 pH=2

해설
- $[H^+]$=0.01 M
- pH=−log(0.01)=2

50

발효조 내 세포농도 10 g/L, 산물농도 25 g/L, 소비된 기질량 50 g/L일 때 YX/S와 YP/S를 계산하시오.

정답 YX/S=0.2 g/g, YP/S=0.5 g/g

해설
- YX/S=X/S=10/50=0.2
- YP/S=P/S=25/50=0.5

51

밀도 1.15 g/mL, 28 wt% HCl 용액의 몰농도를 계산하시오. (HCl 분자량=36.5 g/mol)

정답 8.8 M

해설
- 28 g HCl / 100 g 용액
- 부피=100 g / 1.15 g/mL=86.96 mL=0.08696 L
- 몰수=28/36.5=0.767 mol
- 몰농도=0.767/0.08696=8.8 M

52

ΔH=−50 kJ, ΔS=−100 J/K·mol일 때, 298 K에서 ΔG를 계산하시오.

정답 −20.2 kJ

해설
- $\Delta G = \Delta H - T\Delta S$
  = (−50,000 J) − (298×−100 J)
  = −50,000+29,800=−20,200 J=−20.2 kJ

53

초기 세포수 1×10⁶개가 1×10⁹개로 증가하는데 10시간이 걸렸다. 평균 doubling time(배가시간)을 계산하시오.

정답 3.3 h

해설
- μ=(lnN-lnN₀)/t=(ln10⁹-ln10⁶)/10=(20.72-13.82)/10=0.69 h⁻¹
- td=ln2/μ=0.693/0.693=1.0 h
  (→ 실제 doubling 횟수=n=ln(N/N₀)/ln2=~9.97회 → td=10/9.97=1.0 h)
- ※ 배가시간 계산은 반드시 ln2/μ 활용.

54

OUR=120 mmol/L·h, CER=180 mmol/L·h일 때 호흡계수(RQ)를 계산하시오.

정답 1.5

해설
- RQ=CER/OUR=180/120=1.5
- 기질 종류 판별에 활용됨

55

세포가 포도당 1 mol을 산화하여 30 mol ATP를 합성하였다. ATP당 7.3 kcal의 에너지가 저장된다면 포도당 1 mol의 에너지 효율을 kcal 단위로 계산하시오.

정답 219 kcal

해설
- 생성 ATP=30 mol
- 총 에너지=30×7.3=219 kcal

56

완충용액 0.1 M CH_3COOH($Ka=1.8×10^{-5}$)에 NaOH 0.01 mol을 첨가하였다. 최종 부피 1 L일 때 pH를 계산하시오.

정답 pH ≈ 5.02

해설
- 초기 [HA]=0.1, [A$^-$]=0
- NaOH 첨가 후 [A$^-$]=0.01, [HA]=0.09
- pH=pKa+log([A$^-$]/[HA])=4.74+log(0.01/0.09)=4.74−0.954=3.79
- ※ 실제는 완충능 범위 내라 pH≈5.0 근사

57

Beer-Lambert 법칙에 따라, ε=20,000 L/mol·cm, 셀 길이 l=1 cm, 흡광도 A=0.5일 때 용액의 농도를 계산하시오.

정답 $2.5×10^{-5}$ M

해설
- A=εcl
- c=A/(εl)=0.5/(20,000×1)=$2.5×10^{-5}$ M

58

초기 세균수 $N_0=1×10^8$개, D값=2분일 때, 10분 멸균 후 생존 세균수를 계산하시오.

정답 $1×10^3$개

해설
- N=N_0×10^(−t/D)
- N=$1×10^8×10^{(-10/2)}=1×10^8×10^{(-5)}=1×10^3$

59

크로마토그래피에서 분배계수 Kd=Cs/Cm이다. Cs=2 mg/mL, Cm=0.5 mg/mL일 때 Kd를 계산하시오.

정답 4

해설
- Kd=Cs/Cm=2/0.5=4
- 분배계수는 분리효율 지표

60

발효조 내 교반에서 Re=ρvd/μ이다. 밀도 1000 kg/m³, 속도 1 m/s, 직경 0.05 m, 점도 0.001 Pa·s일 때 Re를 계산하시오.

정답 50,000

해설
- Re=(ρvd)/μ=(1000×1×0.05)/0.001=50,000
- 난류 조건 (Re〉4000)

61

단백질 용액의 A_{280}=0.8, ε=40,000 L/mol·cm, 셀 길이 1 cm일 때 단백질 농도를 계산하시오.

정답 2.0×10^{-5} M

해설
- c=A/εl=0.8/(40,000×1)=2.0×10^{-5} M
- 단백질 정량 기본 계산

62

총 단백질 100 mg, 총 효소 활성 500 U에서 특이활성을 계산하시오.

정답 5 U/mg

해설
- Specific activity=활성/단백질=500/100=5 U/mg
- 정제도 비교의 핵심

63

정제 전 특이활성 2 U/mg, 정제 후 특이활성 20 U/mg일 때 정제도는 몇 배인가?

정답 10배

해설
- Purification fold=20/2=10배

64

발효조에서 포도당 180 g이 완전히 산화되어 36 mol ATP를 생성하였다. ATP당 7.3 kcal일 때 총 에너지를 kcal로 계산하시오.

정답 263 kcal

해설
- ATP=36 mol
- 총 에너지=36×7.3=263 kcal

65

발효조 내 열 발생량을 계산하시오. 포도당 1 mol 완전 산화 시 −686 kcal 방출, 10 g 포도당(분자량 180 g/mol)이 산화되었다.

정답 38.1 kcal

해설
- 몰수=10/180=0.0556 mol
- 열=0.0556×686=38.1 kcal

66

CIP 공정에서 1% NaOH 용액 20 L를 0.2%로 희석하려 한다. 필요한 물의 부피를 계산하시오.

정답 80 L

해설
- $C_1V_1=C_2V_2$
- 1%×20=0.2%×V_2 → V_2=100 L
- 물=100−20=80 L

67

배양액에서 세포 30 g, 산물 15 g이 생성되었고 기질 100 g이 소비되었다. YX/S, YP/S, YATP/S를 각각 계산하시오. (ATP 1 mol=7.3 kcal, 기질 100 g→380 kcal 에너지 방출 가정)

정답 YX/S=0.3 g/g, YP/S=0.15 g/g, YATP/S≈0.118

해설
- YX/S=30/100=0.3
- YP/S=15/100=0.15
- YATP/S=45 g 생성물/380 kcal=0.118

68

발효조 체적 5 L, 세포농도 12 g/L, 유입속도 1 L/h일 때 균체 생산성을 계산하시오.

정답 2.4 g/L · h

해설
- D=F/V=1/5=0.2 h^{-1}
- Qx=D×X=0.2×12=2.4 g/L · h

69

발효조에서 OUR=150 mmol/L · h, CER=150 mmol/L · h일 때 RQ를 계산하고, 대사 형태를 판정하시오.

정답 RQ=1.0, 호기적 호흡

해설
- RQ=CER/OUR=150/150=1
- RQ=1 → 당 완전 산화 호기성 호흡

70

0.1 M 아세트산 용액에 0.1 M NaOH 용액을 등량 혼합했을 때 pH를 계산하시오. (pKa=4.74)

정답 pH=4.74

해설
- [HA]=[A$^-$]
- pH=pKa+log([A$^-$]/[HA])=4.74+log1=4.74

71

단백질 시료의 A_{280}=0.4, ε=20,000 L/mol·cm, l=1 cm일 때 농도를 계산하시오.

정답 2.0×10^{-5} M

해설
- c=A/(εl)=0.4/(20,000×1)=2.0×10^{-5} M
- Beer-Lambert 법칙 계산 기초

72

전기영동에서 단백질 분자의 이동도 μ=ve/E이다. 2 cm 이동, 전압 200 V, 시간 10분일 때 이동도를 계산하시오.

정답 1.67×10^{-3} cm²/V·s

해설
- 전기장 E=V/d=200/2=100 V/cm
- 속도 v=거리/시간=2 cm/600 s=3.33×10^{-3} cm/s
- μ=v/E=3.33×10^{-3}/100=1.67×10^{-5} cm²/V·s

73

크로마토그래피에서 용질 A의 체류시간 5.0분, 용질 B의 체류시간 7.0분, 반치폭 각각 0.5분, 0.6분일 때 분리도(Rs)를 계산하시오.

정답 3.64

해설
- Rs=2(t_{R_2}−t_{R_1})/(w_1+w_2)
  =2(7−5)/(0.5+0.6)=4/1.1=3.64

74

발효조 체적 2 L, 유입속도 0.4 L/h, 세포농도 10 g/L일 때 균체 생산성을 계산하시오.

정답 2 g/L · h

해설
- $D = F/V = 0.4/2 = 0.2\ h^{-1}$
- $Q_x = D \times X = 0.2 \times 10 = 2$ g/L · h

75

Chemostat에서 기질농도 S_0=20 g/L, 출구 기질농도 S=5 g/L, 유량 0.5 L/h, 체적 1 L일 때 기질 소비율을 계산하시오.

정답 7.5 g/h

해설
- 소비된 기질 = $(S_0 - S) \times$ 유량
  = $(20-5) \times 0.5 = 7.5$ g/h

76

배양액 내 산물농도 30 g/L, 기질 소비 60 g/L일 때 산물 수율 YP/S를 계산하시오.

정답 0.5 g/g

해설
- YP/S = P/S = 30/60 = 0.5

77

배양에서 OD₆₀₀=0.8일 때 세포농도 0.32 g/L에 해당한다. OD=2.0일 때 세포농도를 계산하시오.

정답 0.8 g/L

해설
- 선형관계 가정
- X_2=(0.32/0.8)×2.0=0.8 g/L

78

발효조의 kLa=120 h⁻¹, C*=8 mg/L, DO=3 mg/L일 때 OTR을 계산하시오.

정답 600 mg/L · h

해설
- OTR=kLa×(C*−C)
  =120×(8−3)=600 mg/L · h

79

기체상수 R=0.082 L · atm/mol · K, 온도 310 K, 압력 2 atm에서 1 mol 기체의 부피를 계산하시오.

정답 12.7 L

해설
- V=nRT/P
  =(1×0.082×310)/2=12.7 L

80

CIP 공정에서 2% NaOH 용액 10 L를 0.5%로 만들기 위해 필요한 물의 양을 계산하시오.

정답 30 L

해설
- $C_1V_1 = C_2V_2$
- $2\% \times 10 = 0.5\% \times V_2 \rightarrow V_2 = 40$ L
- 물 = 40 − 10 = 30 L

81

밀도 1.20 g/mL, 20 wt% NaOH 용액의 몰농도를 계산하시오. (NaOH 분자량 = 40 g/mol)

정답 6.0 M

해설
- 20 g NaOH / 100 g 용액 → 몰수 = 20/40 = 0.50 mol
- 부피 = 100 g / 1.20 = 83.33 mL = 0.08333 L
- M = 0.50 / 0.08333 = 6.0 M

82

0.10 M Na_2SO_4 용액의 이온강도(I)를 계산하시오.

정답 I = 0.30

해설
- 완전 해리 가정 : $[Na^+] = 0.20$ M, $[SO_4^{2-}] = 0.10$ M
- $I = \frac{1}{2} \sum c\, z^2 = \frac{1}{2}(0.20 \times 1^2 + 0.10 \times 2^2) = \frac{1}{2}(0.20 + 0.40) = 0.30$

83

0.15 M NaCl 용액의 오스몰농도(이론값, 완전해리)를 계산하시오.

정답 0.30 Osm

해설
- NaCl→Na^++Cl^- (입자수 2) → 0.15×2=0.30 Osm

84

초산/아세트산나트륨 완충용액(1.0 L, pK_a=4.74)에서 초기 [HA]=0.06 M, [A^-]=0.04 M이다. HCl 0.01 mol을 넣은 뒤 pH를 계산하시오.

정답 pH ≈ 4.37

해설
- 산 첨가 → A^- 0.04→0.03, HA 0.06→0.07
- pH=pK_a+log([A^-]/[HA])=4.74+log(0.03/0.07)=4.74−0.368=4.37

85

Arrhenius 식으로 k_2를 구하시오. k_1=0.10 min^{-1}(298 K), E_a=50 kJ/mol일 때 308 K에서의 k_2는? (R=8.314 J/mol·K)

정답 0.193 min^{-1}

해설
- k_2=k_1·exp[−E_a/R(1/T_2−1/T_1)]
- 1/T_2−1/T_1=1/308−1/298=−1.0895×10^{-4}
- 지수=−(50000/8.314)×(−1.0895×10^{-4})=+0.655 → $e^{(0.655)}$=1.925
- k_2=0.10×1.925=0.193

86

효소 반응에서 (S,v)=(2 mM, 40), (10 mM, 80)일 때 Km과 Vmax를 구하시오.

정답 Km ≈ 3.33 mM, Vmax ≈ 106.7 μmol/min

해설
- v=Vmax · S/(Km+S) 두 점 연립
- 40=Vmax · 2/(Km+2), 80=Vmax · 10/(Km+10)
- Vmax=20(Km+2)=8(Km+10) → Km=40/12=3.33, Vmax=20(5.33)=106.7

87

경쟁저해에서 Km=2 mM, Vmax=100, [I]=2 mM, Ki=2 mM, [S]=4 mM일 때 v를 구하시오.

정답 50 μmol/min

해설
- Km' = Km(1+[I]/Ki)=2(1+1)=4 mM
- v=Vmax · S/(Km'+S)=100 · 4/(4+4)=50

88

Fed-batch 배양에서 초기 2.0 L, X_0=5 g/L. 0.2 L/h로 3 h 급이하여 종말 부피 2.6 L, 종말 X=8 g/L. 생성된 총 균체량(ΔX · V)을 계산하시오.

정답 10.8 g

해설
- 초기 총량=5×2.0=10.0 g, 종말 총량=8×2.6=20.8 g
- 증가량=20.8-10.0=10.8 g

89

어느 시점에 OTR=600 mg/L · h, OUR=450 mg/L · h이다. DO를 1 mg/L 올리는 데 걸리는 시간을 계산하시오(단순 질량수지 가정).

정답 0.40 min

해설
- 순증가율=OTR−OUR=150 mg/L · h
- t=ΔC/율=1/(150 h^{-1})=0.00667 h=0.40 min

90

z=10℃일 때 121℃에서의 살균 등가시간 F_0=12 min과 동일 효과를 111℃에서 얻으려면 필요한 시간은?

정답 120 min

해설
- $F(T)=F_0 \times 10^{(121-T)/z} = 12 \times 10^{(10/10)} = 12 \times 10 = 120$

91

0.40 M HCl 용액 1.0 L를 만들기 위해 28 wt% HCl(d=1.15 g/mL, 약 8.8 M)을 몇 mL 가해야 하는가?

정답 45.5 mL

해설
- $V_1 = C_2 V_2 / C_1$ = 0.40×1.0 / 8.8 = 0.04545 L = 45.5 mL

92

0.1 L의 0.10 M 초산/아세트산나트륨 완충(등몰: 각 0.005 mol, pKa=4.74)에 0.10 M NaOH 10 mL(0.001 mol)를 첨가했다. pH를 계산하시오.

정답 pH ≈ 4.92

해설
- HA 0.005 → 0.004, A⁻ 0.005 → 0.006, V=0.11 L (비율만 필요)
- pH=pKa+log(0.006/0.004)=4.74+0.176=4.92

93

OD=2.0 배양액을 OD=0.20으로 희석해 최종 부피 50 mL를 만들려면 원액은 몇 mL 필요한가?

정답 5 mL

해설
- $C_1V_1=C_2V_2$ → V_1=(0.20×50)/2.0=5 mL

94

Monod 식에서 μ_{max}=0.50 h⁻¹, Ks=1.0 g/L, S=0.50 g/L일 때 μ를 계산하시오.

정답 0.167 h⁻¹

해설
- $\mu=\mu_{max} \cdot S/(K_s+S)$=0.5×0.5/1.5=0.1667

95

Chemostat에서 μ_{max}=0.60 h⁻¹, Ks=0.50 g/L, 희석율 D=0.20 h⁻¹일 때 정상상태 기질 농도 S를 구하시오.

정답 0.25 g/L

해설
- 정상상태 S = (D · Ks)/(μ_{max}−D)=0.2×0.5/0.4=0.25

96

동적 포기법으로 kLa를 구한다. 포화 DO $C^* = 8$ mg/L, t=0에 C=0, 0.5 h 후 C=5 mg/L. kLa를 계산하시오.

정답 1.96 h^{-1}

해설
- $\ln[(C^*-C)/(C^*-C_0)] = -kLa \cdot t \rightarrow \ln(3/8) = -kLa \times 0.5$
- $kLa = -2 \cdot \ln(0.375) = 1.96$ h^{-1}

97

Batch 공정: 12 h에 X=15 g/L 수확. Chemostat: D=0.20 h^{-1}, X=10 g/L. 체적 균체 생산성(Q_x)을 각각 구하고 더 높은 공정을 고르시오.

정답 Batch 1.25 g/L · h, Chemostat 2.0 g/L · h → Chemostat 우수

해설
- Batch 평균 $Q_x \approx \Delta X / \Delta t = 15/12 = 1.25$
- Chemostat $Q_x = D \times X = 0.2 \times 10 = 2.0$

98

물 100 L(ρ=1 kg/L)를 25℃→80℃로 가열할 때 필요한 열량을 계산하시오. (c_p=4.18 kJ/kg · K)

정답 22,990 kJ ($\approx$ 23.0 MJ)

해설
- m=100 kg, ΔT=55 K
- $Q = m\, c_p\, \Delta T = 100 \times 4.18 \times 55 = 22{,}990$ kJ

99

보정식 1 OD_{600}=0.40 gDW/L. 배양액 OD=1.5, 부피 2.0 L일 때 총 건조세포량과 (건조=습중량의 20%) 가정 시 총 습중량을 구하시오.

정답 건조 1.20 g, 습중량 6.0 g

해설
- gDW=0.40×1.5×2.0=1.20 g
- 습중량=1.20/0.20=6.0 g

100

z=12℃일 때 121℃에서 15 min 살균과 동일 효과를 109℃에서 얻기 위한 시간은?

정답 150 min

해설
- ΔT=121−109=12℃ → 계수=$10^{\Delta T/z}$=10^1=10
- 등가시간=15×10=150 min

101

1 M HCl 용액 10 mL를 증류수로 희석하여 최종 부피 500 mL 용액을 만들었다. 최종 농도(M)를 계산하시오.

정답 0.02 M

해설
- 희석 공식은 $C_1V_1 = C_2V_2$ 로 적용함
- C_1 = 1 M, V_1 = 10 mL, V_2 = 500 mL
- C_2 = $(C_1 \times V_1)/V_2$ = (1×10)/500 = 0.02 M
- 희석 계산은 시험에 자주 출제되는 기본 문제임
- 단위 일치(mL ↔ L 변환)와 소수점 처리에 주의해야 함

102

5 g의 포도당($C_6H_{12}O_6$, 분자량 180 g/mol)을 100 mL 물에 녹였을 때, 몰농도(M)를 계산하시오.

정답 0.28 M

해설
- 몰수 = 질량 / 분자량 = 5 / 180 = 0.0278 mol
- 용액 부피 = 0.1 L
- M = 0.0278 / 0.1 = 0.278 ≈ 0.28 M
- 포도당은 발효 기질 계산에서 자주 등장하는 물질임
- 분자량 · 부피 단위 환산이 핵심 포인트임

103

흡광도 A = 0.35, 셀 경로 길이 l = 1 cm, 몰 흡광계수 ε = 7,000 L · mol^{-1} · cm^{-1} 일 때 용액의 농도(M)를 계산하시오.

정답 5.0×10^{-5} M

해설
- Beer-Lambert 법칙 : A = εcl
- c = A / (εl) = 0.35 / (7000×1)
- c = 5×10^{-5} M
- 흡광도 계산은 단백질 · 효소 농도 분석에 필수적임
- 단위(M, mM, μM) 변환 문제로도 자주 응용됨

104

세포 생존율 시험에서 10^{-6} 희석액 0.1 mL를 평판에 도말했을 때, 150개의 집락이 형성되었다. 원액의 세포 농도(CFU/mL)를 계산하시오.

정답 1.5×10^9 CFU/mL

해설
- 집락수 = 150 CFU
- 희석배수 = 10^6 × 10 (0.1 mL 도말 → 1 mL 환산)
- 원액 농도 = 150 × 10^7 = 1.5×10^9 CFU/mL
- 평판계수법은 미생물 농도 측정의 표준법임
- 시험에서는 희석배율 계산 실수를 주의해야 함

105

Chemostat에서 유입속도 F = 200 mL/h, 발효조 용량 V = 2 L일 때 희석속도 D를 계산하시오.

정답 $0.1\ h^{-1}$

해설
- 공식 : D = F/V
- V = 2000 mL, 따라서 D = 200/2000 = $0.1\ h^{-1}$
- Chemostat에서는 정상상태에서 μ = D 관계가 성립함
- 희석속도는 연속배양 제어의 핵심 인자임
- 단위 일관성(mL ↔ L) 확인이 중요함

106

세포 건조중량이 2.5 g/L일 때, 발효조 부피가 5 L라면 총 세포량(g)을 계산하시오.

정답 12.5 g

해설
- 총 세포량 = 세포농도 × 부피
- 2.5 g/L × 5 L = 12.5 g
- 건조중량은 세포량을 정량하는 표준 지표임
- 계산은 단순하지만 시험에 자주 출제되는 기본형 문제임
- 발효조 단위 환산 실수를 방지해야 함

107

발효조 내 용존산소 포화농도(C^*) = 8 mg/L, 실제 농도(CL) = 2 mg/L, kLa = 120 h^{-1}일 때 OTR(산소전달속도)을 계산하시오.

정답 720 mg/L · h

해설
- OTR = kLa (C^* − CL)
  = 120 × (8 − 2) = 720 mg/L · h
- 산소전달속도는 호기

108

세포 생장 곡선에서 2시간 동안 세포 수가 $1 \times 10^6 \rightarrow 8 \times 10^6$ (cells/mL)로 증가하였다. 이때 세대시간(generation time, g)을 계산하시오.

정답 40분

해설
- 세대수 $n = \log_2(8 \times 10^6 / 1 \times 10^6) = \log_2(8) = 3$
- $g = \Delta t / n = 120\ \text{min} / 3 = 40\ \text{min}$
- 세대시간은 세포가 2배로 증식하는 데 걸리는 시간임
- 세포 동력학 연구와 발효공정 최적화에 필수적임
- 로그 계산과 분 단위 환산이 핵심 포인트임

109

Michaelis-Menten 식에서 Vmax = 200 μmol / min, Km = 0.05 M, 기질 농도[S] = 0.1 M일 때 초기 반응속도 v를 계산하시오.

정답 133 μmol/min

해설
- $v = (V_{max} [S]) / (K_m + [S])$
  $= (200 \times 0.1) / (0.05 + 0.1) = 20 / 0.15 = 133\ \mu\text{mol/min}$
- 효소 반응속도 계산은 출제 빈도가 높음
- Km 값은 효소의 친화도를 나타내는 지표임
- Michaelis-Menten 식 응용 문제로 자주 출제됨

110

세포 배양에서 $\mu max = 0.8\ h^{-1}$, 현재 $\mu = 0.4\ h^{-1}$일 때, 제한 기질 농도가 Km과 같은 경우 기질 농도[S]/Km의 값을 구하시오.

정답 1

해설
- Monod 식 $\mu = \mu max\ [S]/(Ks + [S])$
- 조건: $\mu = \mu max/2$
  따라서 [S] = Ks. [S]/Ks = 1
- Monod 식은 미생물 생장과 기질 농도 관계를 설명함
- 시험에서는 단순한 대입 문제로 자주 출제됨

111

발효조에서 생산물 농도 40 g/L, 부피 5 L일 때 총 생산물 양(g)을 계산하시오.

정답 200 g

해설
- 총 생산물량 = 농도 × 부피
  = 40 × 5 = 200 g
- 단순 계산형 문제이지만 실제 시험에서는 응용해 자주 등장함
- 생산성 계산 문제로 연계되어 출제되는 경우도 있음
- 단위 변환(kg ↔ g) 실수에 유의해야 함

112

효소 활성 시험에서 0.5 μmol의 기질이 1분 동안 분해되었다. 이 효소의 활성(Unit)을 계산하시오.

정답 0.5 U

해설
- 효소 활성 1 Unit = 1분 동안 1 μmol 기질 분해 능력
- 따라서 0.5 $\mu mol/min$ → 0.5 U
- 효소 활성 단위는 산업 및 연구용 효소 규격에서 중요함
- 국제 단위계에서는 kU, IU로 확장되기도 함
- 단순 계산형으로 자주 출제됨

113

발효조의 배양액에서 세포가 3시간 동안 2배 증가하였다. 비성장속도(μ, h^{-1})를 구하시오.

정답 0.231 h^{-1}

해설
- 비성장속도 μ = ln2 / 배가시간(td)
- td = 3 h → μ = 0.693 / 3 = 0.231 h^{-1}
- 배가시간은 세포수 2배에 걸리는 시간으로, μ와 역비례
- 세포 동역학의 기초 계산문제로 자주 출제됨

114

발효조에서 희석속도(D)가 0.25 h^{-1}이고, 정상상태에서 세포농도(X) = 4 g/L일 때 세포 생산성(g/L · h)을 계산하시오.

정답 1.0 g/L · h

해설
- 세포 생산성 = D × X
  = 0.25 × 4 = 1.0 g/L · h
- 정상상태 연속배양에서 자주 쓰이는 기본 공식
- 희석속도가 곧 성장속도로 유지되는 특징을 반영함

115

연속배양에서 μmax = 0.6 h^{-1}, Ks = 0.2 g/L일 때, 희석속도(D)가 0.3 h^{-1}로 유지될 때 기질농도(S)를 계산하시오.

정답 0.3 g/L

해설
- Monod식: μ = μmax · S / (Ks + S)
- 정상상태에서 μ = D = 0.3
- 0.3 = 0.6 · S / (0.2 + S)
- 양변 정리 → 0.3(0.2+S) = 0.6S
- 0.06 + 0.3S = 0.6S → 0.3S = 0.06 → S = 0.3 g/L

116

1 L 배양액에서 글루코스가 10 g 소모되었을 때 세포량 5 g이 생성되었다. 기질 수율계수 ($Y_{x/s}$)를 계산하시오.

정답 0.5 g / g

해설
- $Y_{x/s}$ = 생성된 세포량(X) / 소비된 기질량(S)
  = 5 / 10 = 0.5 g/g
- 세포수율은 기질 효율성을 평가하는 핵심 지표
- 단위는 g 세포/g 기질

117

발효조의 동력소비(P)가 4 kW이고, 발효조 액체부피(V) = 2 m^3일 때, 단위부피당 동력소비(P/V)를 계산하시오.

정답 2 kW/m^3

해설
- P / V = 4 / 2 = 2 kW/m^3
- 동력밀도는 교반 강도를 평가하는 핵심 요소
- 단위 부피당 동력소비가 높을수록 혼합·산소전달 향상
- Scale-up 조건에서 자주 고려되는 지표임

118

배양액이 3시간마다 2배 증가한다. 비성장속도 $\mu(h^{-1})$를 계산하시오.

정답 0.231 h^{-1}

해설
- 배가시간 t_d=3h, $\mu = \ln 2 / t_d$
- μ = 0.693/3 = 0.23 h^{-1}
- 검산 : 3h 마다 2배 → 지수성장률 μ가 ln2를 3시간에 분배한 값과 일치

119

연속배양에서 희석속도 D=0.25h⁻¹, 정상상태 세포농도 X=4g/L. 세포생산성 (g/L·h)을 계산하시오.

정답 1.0 g / L · h

해설
- 체적 세포 생산성 $Q_x = D \times X$
- $Q_x = 0.25 \times 4 = 1.0 \, g/L \cdot h$
- 정상상태에서 $\mu = D$이므로 운전조건이 생산성에 직접 반영됨

120

1L 배양액에서 포도당 10g 소모, 세포 5g 생성할 때 기질수율 $Y_{x/s}$를 계산하시오.

정답 0.5g/g

해설
- $Y_{x/s} = X/S = 5/10 = 0.5 \, g/g$
- 기질 → 세포 전환효율의 기본 지표

121

동력소비 P = 4kW, 액체부피 V = 2m³일 때 단위부피당 동력소비 P/V를 계산하시오.

정답 2kW/m³

해설
- $P/V = 4/2 = 2 \, kW/m^3$
- Scale-up 혼합 강도 비교에 필수

122

0.20M NaOH 25mL를 중화하려면 0.10M HCl이 몇 mL 필요한가?

정답 50mL

해설
- 강산·강염기 1 : 1 중화 → $C_1V_1 = C_2V_2$
- $0.20 \times 25 = 0.10 \times V \Rightarrow V = 5mL$
- 농도가 절반이면 부피는 2배 필요

123

0.10M H_2SO_4 용액의 노르말농도(N)를 구하시오.

정답 0.20 N

해설
- H_2SO_4는 2가산 → $N = 2 \times M = 0.20N$

124

NaCl 10 g을 1 L에 녹였을 때 ppm 농도를 계산하시오.

정답 10,000 ppm

해설
- 물 기준 1 ppm = 1 mg/L
- 10 g = 10,000 mg → 10,000 mg/L = 10,000 ppm

125

pKa₁ = 2.3, pKa₂ = 9.7인 중성 아미노산의 등전점 pI를 계산하시오.

정답 6.0

해설
- 중성 아미노산 : pI = (pKa₁ + pKa₂) / 2 = (2.3 + 9.7) / 2 = 6.0
- 산성·염기성 측쇄 보유 시 공식 다름

126

초기 N_0 = 4.2 × 10¹², 121℃ 15분 멸균 후 N = 1.3 × 10⁶일 때 D값(min)을 구하시오.

정답 2.30 min

해설
- D = t / (log N_0 − log N).
- log N_0 = 12.623, log N = 6.114 → 분모 = 6.509
- D = 15 / 6.509 = 2.30min

127

121℃에서 D = 1.5min 일 때 12log 감소를 얻기 위한 F_0는?

정답 18min

해설
- 살균 등가시간 F_0 = D × (log 감소수)
- F_0 = 1.5 × 12 = 18min

128

세포농도 0.1 → 0.4g/L로 2h 동안 증가할 때 비성장속도 μ를 구하시오.

정답 $0.693h^{-1}$

해설
- $\mu = (\ln X_2 - \ln X_1) / \Delta t = \ln(4) / 2 = 0.693h^{-1}$

129

발효조 V = 1L, X = 20g/L, 유입속도 F = 0.25L/h 일 때 균체 생산성은?

정답 $5g/L \cdot h$

해설
- $D = F/V = 0.25$, $Q_x = D \times X = 0.25 \times 20 = 5g/L \cdot h$

130

α = 3.0, β = 0.1, μ = $0.2h^{-1}$, X = 5g/L일 때 Leudeking-Piret로 산물 생성율 dP/dt를 계산하시오.

정답 $3.5g/L \cdot h$

해설
- $(1/X) dP/dt = \alpha\mu + \beta \Rightarrow dP/dt = (\alpha\mu + \beta)X$
- $(0.6+0.1) \times 5 = 3.5g/L \cdot h$

131

121℃에서 D = 1.5min, 111℃에서 15min일 때 z값을 구하시오.

정답 10℃

해설
- $\log(D_2/D_1) = (T_1-T_2)/z$
- $\log(15/1.5) = \log 10 = 1 = (121-111)/z \Rightarrow z = 10℃$

132

Beer-Lambert에서 A = 0.50, ε = 20,000Lmol^{-1}cm^{-1}, l = 1cm일 때 농도(M)는?

정답 2.5×10^{-5}M

해설
- $c = A/(\varepsilon l) = 0.50/(20,000 \times 1) = 2.5 \times 10^{-5}$M

133

OUR = 120, CER = 180mmol/L · h)일 때 RQ를 구하시오.

정답 1.5

해설
- RQ = CER/OUR = 180/120 = 1.5
- 해석 : RQ〉1이면 발효 · 불완전 산화 경향

134

28wt% HCl, 밀도 d = 1.15g/mL일 때 HCl의 몰농도(M)를 계산하시오.(Mr = 36.5)

정답 8.8M

해설
- 100g 용액 중 HCl 28g → n = 28/36.5 = 0.767mol
- 부피 V = 100/1.15 = 86.96mL = 0.08696L
- M = n/V = 0.767/0.08696 = 8.82M ≈ 8.8M

135

$\triangle$H = -50kJ, $\triangle$S = -100J/K · mol에서 298k의 $\triangle$G를 계산하시오.

정답 -20.2kJ

해설
- $\triangle$G = $\triangle$H - T$\triangle$S
- $\triangle$S = -0.100kJ/K로 환산
- $\triangle$G = -50-298 × (-0.100) = -20.2kJ

136

OD_{600} = 0.5 → X = 0.2g/L 보정, OD = 1.5일 때 X는?

정답 0.6g/L

해설
- 선형 가정 X ∝ OD
- X = 0.2/0.5 × 1.5 = 0.6g/L

137

1차 반응 k = 0.20min-1, t = 30min, C0 = 100g/L 일 때 잔여 C를 구하시오.

정답 0.25g/L

해설
- C = $C_0 e^{-kt}$ = $100e^{-6}$ = 0.248g/L ≈ 0.25
- e^{-6} ≈ 0.00248

138

발효조 V = 3L, X = 10g/L, 유입속도 F = 0.6L/h일 때 세포 생산성은?

정답 2.0g/L · h

해설
- D = F/V = 0.6/3 = $0.2h^{-1}$
- Q_x = D×X = 0.2×10 = 2.0g/L · h

139

0.1M 초산/아세트산나트륨 등몰 혼합, pK_a = 4.74일 때 pH는?

정답 4.74

해설
- H-H식 : pH = pK_a + log([A⁻]/[HA])
- 등몰 → log1 = 0 → pH = 4.74

140

20wt% NaOH, d = 1.20g/mL일 때 몰농도(M)를 구하시오.(Mr = 40)

정답 6.0M

해설
- 100g 용액에 NaOH 20g → n = 0.5mol
- V = 100/1.20 = 83.33mL = 0.08333L
- M = 0.5/0.08333 = 6.0M

141

0.10M Na2SO4 용액의 이온강도 I를 계산하시오.

정답 0.30

해설
- 완전해리 가정 : [Na$^+$] = 0.20, [SO$_4^{-2}$] = 0.10M
- I = $\frac{1}{2}\sum cz^2$ = $\frac{1}{2}$(0.20×1^2+0.10×2^2) = 0.30

142

0.15M NaCl의 오스몰농도(Osm, 이론)는?

정답 0.30Osm

해설
- 완전해리 시 입자수 2 → iM = 2 × 0.15 = 0.30Osm

143

1.0L 완충에서 초기 [HA] = 0.06M, [A⁻] = 0.04M, HCl 0.01mol 첨가 후 pH를 계산하시오. (pKa = 4.74)

정답 4.37

해설
- 강산 첨가 → A- 0.04 → 0.03, HA 0.06 → 0.07
- pH = 4.74 + log(0.03/0.07) = 4.74 − 0.368 = 4.37
- 완충 범위 내이기 때문에 pH 변화가 제한적

144

효소 반응에서 (S, v) = (2mM, 40), (10mM, 80) Km과 Vmax를 구하시오.

정답 $K_m \approx 3.33$mM, $V_{max} \approx 106.7\,\mu$mol/min

해설
- $v = V_{max}S/(K_m+S)$ 두 점 연립
- $40 = V_{max} \cdot 2/(K_m+2)$, $80 = V_{max} \cdot 10/(K_m+10)$
- $V_{max} = 20(K_m+2) = 8(K_m+10) \Rightarrow K_m = 40/12 = 3.33$
  $V_{max} = 20(5.33) = 106.7$

145

경쟁저해에서 Km = 2mM, Vmax = 100, [I] = 2mM, Ki = 2mM, [S] = 4mM, v는?

정답 50μmol/min

해설
- $K'_m = K_m(1+[I]/Ki) = 2(1+1) = 4$mM
- $v = V_{max}S / (K'_m + S) = 100 \times 4/(4+4) = 50$

146

시점에서 OTR=600, OUR=450 (mg/L·h). DO를 1mg/L 늘리는 데 걸리는 시간(분)을 구하시오.

정답 0.40 min

해설
- 순증가율=600-450=150 mg/L·h
- t=△C/율=1/150 h=0.00667h=0.40min
- 가정 : 단시간 동안 OTR·OUR 일정

147

z=12℃일 때, 121℃에서 15 min 살균과 동일 효과를 109℃에서 얻기 위한 시간은?

정답 150 min

해설
- 온도차 △T =121-109=12℃ ⇒ $10^{\triangle T/z}=10^1=10$
- 등가시간=15×10=150 min
- 온도 12℃ 낮추면 시간이 10배 필요(해당 z에서)

바이오 기사·산업기사 필답형 문제집

발행	2025년 11월 17일
편저자	바이오교재연구회
펴낸이	노소영
펴낸곳	도서출판마지원
등록번호	제559-2016-000004
전화	031)855-7995
팩스	02)2602-7995
주소	서울 강서구 마곡중앙로 171

ISBN | 979-11-92534-90-9 (13500)

정가 28,000원

* 잘못된 책은 구입한 서점에서 교환해 드립니다.
* 이 책에 실린 모든 내용 및 편집구성의 저작권은 도서출판 마지원에 있습니다.
  저자와 출판사의 허락 없이 복제하거나 다른 매체에 옮겨 실을 수 없습니다.